Sharon Shapiro

Knifflige Mathematikaufgaben strategisch lösen

Gedruckt auf umweltbewusst gefertigtem, chlorfrei gebleichtem und alterungsbeständigem Papier.

5. Aufl age 2016

Illustrationen: Stephen King
Übersetzung: Claudia Huber
Satz: Satzpunkt Ursula Ewert GmbH, Bayreuth
Drucker: Libri Plureos GmbH, Hamburg

ISBN 978-3-8344-0014-7

www.persen.de

Inhalt

Inhalt

Einführung: Problemlösung als Prozess 4

Schaubilder zeichnen 5

Tabellen erstellen 19

Situationen darstellen oder Gegenstände verwenden 33

Vermutungen anstellen und überprüfen 47

Sortierte Listen erstellen 61

Muster suchen 75

Einführung

Problemlösung als Prozess

Die Anwendung der folgenden vier Schritte erleichtert es den Schülern, beim Lösen von Aufgaben logisch und systematisch vorzugehen.

Schritt 1: Die Aufgabe verstehen

- ❖ Ermutigen Sie Ihre Schüler, die Aufgabenstellung mehrmals sorgfältig durchzulesen, bis sie genau verstehen, was gefragt ist. Möglicherweise müssen sie die Aufgabe mit jemand anderem diskutieren oder sie in ihren eigenen Worten wiedergeben.
- ❖ Die Schüler sollten sich Fragen stellen wie: Was will die Frage von mir, was soll ich herausfinden, welche Informationen benötige ich zur Problemlösung?
- ❖ Die Schüler sollten unbekannte Wörter unterstreichen und herausfinden, was diese bedeuten.
- ❖ Die Schüler sollten die vorhandenen Informationen herausziehen und überlegen, was unbekannt bzw. herauszufinden ist. Sie sollten überflüssige Informationen erkennen.
- ❖ Eine Skizze des Problems trägt häufig zum Verständnis bei.

Schritt 2: Sich für eine Lösungsstrategie oder einen Vorgehensplan entscheiden

Die Schüler sollten überlegen, wie sie die Aufgabe lösen wollen, indem sie verschiedene mögliche Strategien überdenken. Sie könnten versuchen, die Ergebnisse vorauszusagen. Häufig ergeben sich aus solchen Voraussagen Verallgemeinerungen, die bei der Lösung helfen. Die Schüler sollten nicht einfach drauflosraten, aber sie sollten ermutigt werden, Risiken einzugehen. Sie sollten immer überprüfen, ob die aktuelle Fragestellung bereits gelösten Aufgaben ähnelt. Sie sollten die bereits ausprobierten Lösungswege notieren, um Wiederholungen zu vermeiden.

Mögliche Strategien sind unter anderem:

- ❖ eine Skizze machen, ein Schaubild zeichnen oder eine Tabelle anlegen
- ❖ Situationen darstellen oder Gegenstände verwenden
- ❖ Listen aufstellen
- ❖ Muster ermitteln und erweitern
- ❖ raten und überprüfen
- ❖ rückwärts vorgehen
- ❖ mit einfacheren Zahlen arbeiten und anschließend die angewandte Methode auf das reale Problem anwenden
- ❖ logisch denken und gegebene Hinweise auswerten
- ❖ das Problem in Einzelfragen zerlegen

Schritt 3: Das Problem lösen

- ❖ Die Schüler sollten während der Arbeit ihre Ideen aufschreiben, damit sie nicht vergessen, wie sie die Aufgabe angegangen sind.
- ❖ Sie sollten systematisch vorgehen.
- ❖ Wenn sie nicht weiterkommen, sollten sie die Frage noch einmal genau lesen und ihre Strategien hinterfragen.
- ❖ Geben Sie den Schülern die Möglichkeit, anderen zu erklären, wie sie zu ihrer Antwort gekommen sind.

Schritt 4: Reflektieren

- ❖ Die Schüler sollten sich überlegen, ob ihre Antwort Sinn macht und ob sie die gestellte Frage beantwortet.
- ❖ Die Schüler sollten ihre Gedanken, Vermutungen und die angewandte Methode notieren. Das gibt ihnen Zeit, ihre Vorgehensweise zu reflektieren. Wenn sie eine Antwort gefunden haben, sollten sie ihr Vorgehen einem anderen Schüler erklären.
- ❖ Um einen Zusammenhang zu anderen Aufgaben und Fragen herzustellen, sollten die Schüler „Was wäre, wenn …?"-Fragen stellen. Auf diese Weise durchdringen sie das Problem tiefer und das logische Denken wird gefördert.
- ❖ Die Schüler sollten sich fragen, ob es auch eine einfachere Möglichkeit gegeben hätte, die Aufgabe zu lösen.

STRATEGIE

Schaubilder zeichnen

STRATEGIE

STRATEGIE

STRATEGIE

Unterrichtshinweise Schaubilder zeichnen

Wenn man zu einer schriftlichen Aufgabe ein Bild entwickelt, werden häufig Aspekte deutlich, die zunächst nicht offensichtlich sind. Ist die in der Frage beschriebene Situation nur schwer vorstellbar, kann ein Schaubild mit einfachen Symbolen und Bildern den Schülern helfen, sie besser zu durchschauen. Das Schaubild unterstützt die Schüler auch dabei, die verschiedenen Stufen der Problemlösung nachzuvollziehen.
Um Schaubilder effektiv nutzen zu können, müssen die Schüler die folgenden Fertigkeiten und Kenntnisse erwerben:

Ein Objekt durch eine Linie symbolisieren

Einfache Strichzeichnungen helfen den Schülern, sich eine Situation vorzustellen. In einer Aufgabe werden die Schüler gefragt, wie viele Markierungen sie benötigen, wenn sie an einem zehn Meter langen Seil alle zwei Meter eine Markierung anbringen. Als Antwort könnten die Schüler im Kopf 10 : 2 = 5 rechnen. Es würden also fünf benötigt. Wenn die Schüler aber das Seil und die Markierungen aufzeichnen, werden sie sehen, dass in Wirklichkeit sechs notwendig sind, da sowohl der Anfang als auch das Ende des Seils markiert werden.

Eine Zeit-/Entfernungsschiene benutzen, um Informationen darzustellen

Eine Zeit-/Entfernungsschiene hilft, Entfernungen zwischen zwei Punkten oder Bewegungen von einem Punkt zu einem anderen zu zeigen.

Schüler sollten mithilfe der Angaben auf dem Wegweiser angeben, wie weit sie von der Stadt entfernt sind, wenn ihr Abstand zum Meer 17 km beträgt.

Die Schüler sollten eine Linie zeichnen und die Entfernungen darauf eintragen.

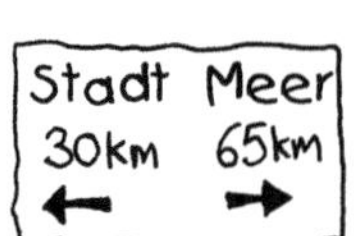

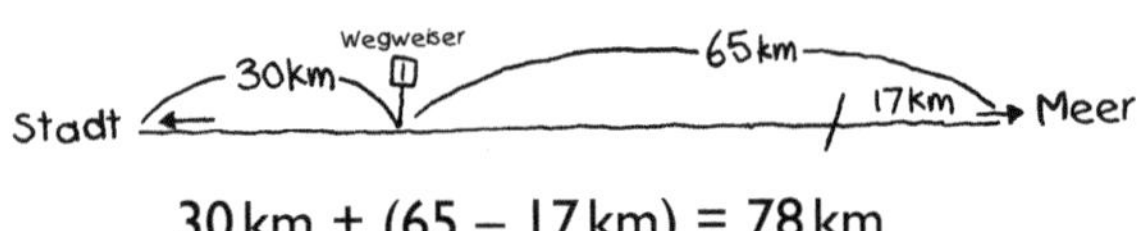

30 km + (65 – 17 km) = 78 km

Unterschiedliche Maßstäbe verwenden

Wenn eine größere Fläche dargestellt werden soll, muss häufig ein Verkleinerungsmaßstab gewählt werden. Zum Beispiel kann ein Zentimeter in einer Zeichnung einem Kilometer in der Natur entsprechen. Ein Zentimeter könnte aber auch zehn oder sogar 500 Kilometer repräsentieren, abhängig vom Maßstab. Bringen Sie den Schülern bei, mit Verkleinerungsmaßstäben zu arbeiten und dann die Lösung auf die tatsächlichen Maße zu übertragen.

Mit Karten arbeiten oder Richtungen angeben

Schüler werden häufig auf Zeichnungen stoßen, bei denen es auf das Verständnis von Richtung ankommt. Sie werden auch Fragestellungen begegnen, bei denen sie einen Kurs auf einem Gitternetz zeichnen sollen, indem sie nach oben, nach unten, nach rechts oder nach links gehen. Sie werden Richtungsangaben verwenden müssen, um sich selbst zu lenken – nach Norden, nach Süden, nach Osten, nach Westen, in nordöstlicher oder südwestlicher Richtung usw.
Sie werden sich auch bisher unbekannte Maßeinheiten aneignen müssen. Besonders anschaulich ist die Einheit „Schritt". Lassen Sie die Schüler herausfinden, wie viele Schritte sie machen müssen, um die Breite oder Länge des Klassenzimmers oder des Spielplatzes zu durchmessen. Dabei lernen sie zu vergleichen.
Die Schüler sollten die Fähigkeit erwerben, mit Karten zu arbeiten.
Sie sollten vier verschiedene Wege von Bernburg nach Gartenstadt einzeichnen können.

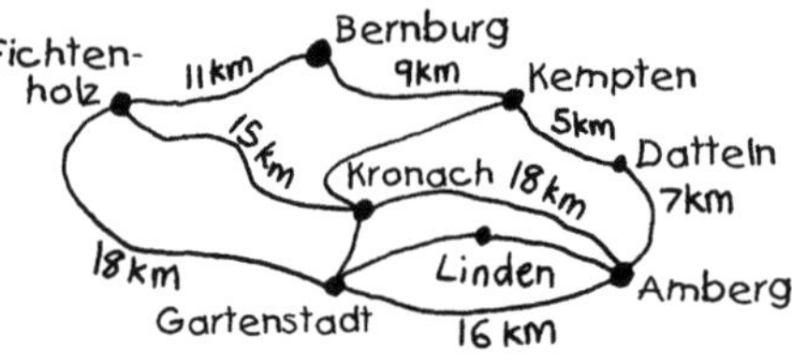

Beziehungen darstellen

Schaubilder und Symbole helfen den Schülern, Beziehungen zwischen Dingen zu veranschaulichen.

Beispiel:

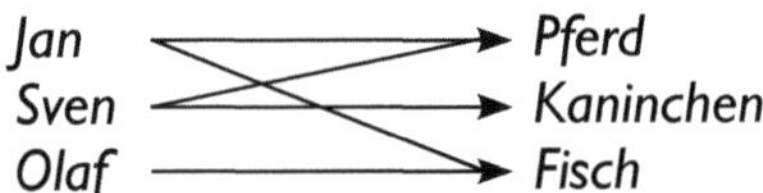

Bilder zeichnen

Das Anfertigen von Bildern hilft den Schülern, systematisch zu denken und auf diese Weise ein Problem leichter zu durchschauen.
Diese vier Dominosteine sollen so in einem Quadrat angeordnet werden, dass die Punkte auf jeder Quadratseite zusammen zehn ergeben.

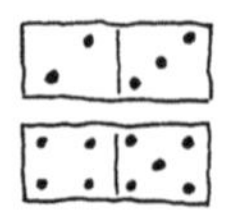
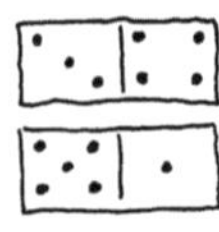
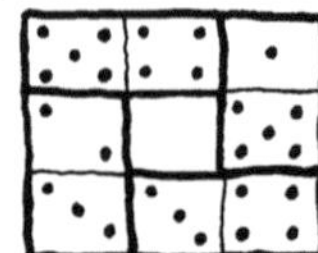

Unterrichtsbeispiele Schaubilder zeichnen

Beispiel 1

Die Schüler haben aus Balken ein quadratisches Spielhaus gebaut. Sie benutzten für jede Seite des Hauses 8 senkrechte Balken. Wie viele Balken wurden insgesamt benötigt?

Die Aufgabe verstehen

Was ist bekannt?

Wir wissen, dass der Grundriss des Spielhauses quadratisch ist.
Wir wissen, wie viele Balken auf jeder Seite verwendet wurden.

Was müssen wir herausfinden?

Frage:
Wissen wir, was senkrechte Balken sind?
Wie viele Balken wurden insgesamt verwendet?

Lösungswege planen und erläutern

Was wir getan haben

Es ist wichtig, dass die Schüler üben, ihre Strategie logisch zu erklären.
Sie sollten mathematisch denken und mit Darstellungsformen wie Schaubildern, Tabellen und Diagrammen arbeiten oder diese bei der Erläuterung ihrer Vorgehensweise verwenden.
Die Schüler könnten darauf kommen, die Lösung sei ganz einfach, da das Haus 4 Seiten hat, sodass 8 Balken mal 4 Seiten insgesamt 32 Balken ergeben. Das ist falsch. Ermutigen Sie die Schüler, ein Bild zu zeichnen, um das Problem zu verdeutlichen. Sie können dann Balken sehen und zählen.

Schritt-für-Schritt-Erklärung

Hier ist eine Schritt-für-Schritt-Erklärung der Vorgehensweise.

Ein Punkt • steht für einen Balken. Die Schüler malen zunächst eine Seite des Spielhauses auf.

Dann wird die zweite Seite gezeichnet. Das ist genau der richtige Zeitpunkt, um die Frage zu diskutieren, ob die Eckpfosten einer Seite einmal oder zweimal verwendet werden.

Die Schüler werden erkennen, dass nur 7 Balken addiert werden müssen, da der Eckpfosten für beide Seiten verwendet wird. Für die dritte Seite werden wieder nur 7 Balken benötigt.

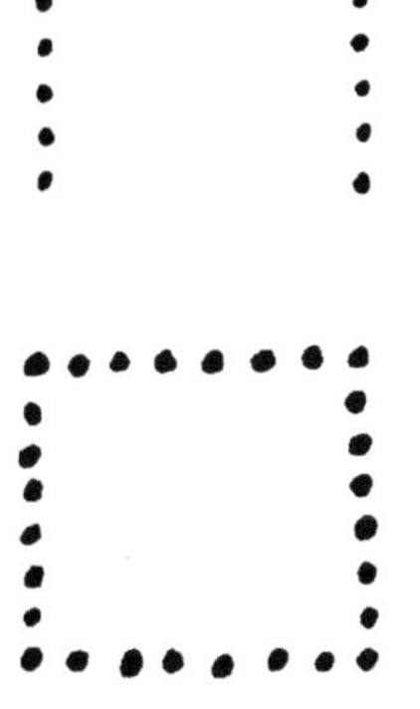

Wenn die Schüler die vierte Seite zeichnen, ist es wichtig, dass sie genau zählen, um sicherzustellen, dass sie nur 8 Balken benutzen. Da jetzt 2 Eckpfosten wieder verwendet werden, müssen nur 6 Balken neu hinzugefügt werden.

Wenn genau gezählt wird, ergibt sich, dass 28 Balken verwendet wurden.

Überprüfen und verallgemeinern

Wenn die Schüler ihre Lösung überprüft haben, können sie überlegen, wie sich dieser Lösungsweg auf andere Fragestellungen übertragen lässt. Sie sollten prüfen, ob die verwendete Methode verbessert werden kann. Sie sollten überlegen, wie genau die gewählte Methode ist. Hätte es eine Methode gegeben, die schneller zum Ziel führt, oder eine ganz andere? Papier und Bleistift können auch durch Klötze oder Bausteine ersetzt werden oder diese werden zur Überprüfung der Lösung eingesetzt.

Ergänzung

Wie würde es sich auf das Ergebnis auswirken, wenn das Spielhaus nicht quadratisch, sondern rechteckig wäre? Was ergibt sich, wenn 12 senkrechte Balken verwendet werden? Wie lautet die Lösung, wenn der Grundriss rechteckig ist, 26 Balken verwendet wurden, aber die Angaben zur Breite und Länge fehlen? Wie viele verschiedene Möglichkeiten gibt es, die Balken anzuordnen? Was würde sich ergeben, wenn insgesamt 36 Balken verwendet wurden?

Beispiel 2

Ein langes Rundholz muss in 8 Stücke geteilt werden. Für jeden Schnitt brauchst du 30 Sekunden. Wie viel Zeit brauchst du, um das Rundholz zu zerschneiden?

Die Aufgabe verstehen

Was ist bekannt?

Wir wissen, dass wir 8 Stücke benötigen.
Wir wissen, dass wir für jeden Schnitt 30 Sekunden benötigen.

Was sollen wir herausfinden?

Frage:
Wie viele Schnitte werden wir machen? Wie lange werden wir für die Schnitte brauchen? Ist das ein reines Rechenproblem oder benötigen wir eine Zeichnung?

Lösungswege planen und erläutern

Was wir getan haben

Wir haben eine Linie gezogen, die das Rundholz darstellen soll.

Um 8 Stücke zu erhalten, haben wir das Rundholz an 7 Stellen durchgeschnitten.

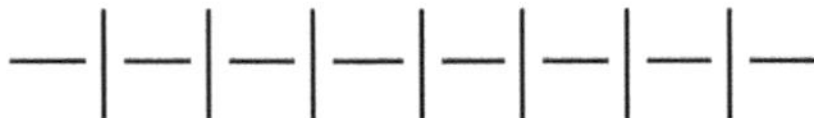

7 Schnitte multipliziert mit 30 Sekunden pro Schnitt ergeben 7 x 30 = 210 Sekunden. Wir benötigen 210 Sekunden oder 3 Minuten und 30 Sekunden, um das Rundholz zu zersägen.

Überprüfen und verallgemeinern

Schüler, die einfach die 8 Stücke mit 30 Sekunden multiplizieren, haben nicht genau gearbeitet und es versäumt, sich das Problem zu veranschaulichen. Sie hätten ein konkretes Objekt gebraucht, das zerteilt werden kann, z.B. einen Papierstreifen oder eine Stange Knete.
Wir können verallgemeinern: Wenn ein großes Stück in kleinere zerteilt werden soll, werden die Enden nicht geschnitten. Eine Zeichnung erklärt das.

Ergänzung

Was wäre, wenn die Schüler ein Spielhaus bauen und 3 Minuten benötigen, um jedes Brett sicher an den anderen zu befestigen? Wie lange würden sie für die Wände benötigen, wenn jede Seite aus 6 senkrechten Brettern besteht?

Beispiel 3

Ein Frosch fiel in einen 21 m tiefen Brunnen. Es war schwierig für ihn, die Schlamm bedeckten Wände hochzukommen. Er begann seinen langen Weg aus dem Brunnen um 6 Uhr morgens. Weil die Wände so rutschig waren, benötigte er für 3 m 15 Minuten. Nach jeweils 15 Minuten ruhte er sich für 5 Minuten aus, wobei er leider 1 m zurückrutschte. Er machte in derselben Geschwindigkeit weiter. Wann erreichte er schließlich den Brunnenrand?

Die Aufgabe verstehen

Was ist bekannt?

Der Brunnen war 21 m tief.
Der Frosch begann seinen Weg nach oben um 6 Uhr morgens.
Er legte 3 m in 15 Minuten zurück.
Am Ende jeder 15-Minuten-Periode rutschte er einen Meter zurück.

Was müssen wir herausfinden?

Frage:
Wann erreichte der Frosch den oberen Brunnenrand?

Lösungswege planen und erläutern

Die Aufgabe kann auf verschiedenen Wegen gelöst werden. Zum Beispiel können die Schüler ein Gitterpapier mit 1-cm-Raster verwenden oder sie zeichnen eine Zeitachse mit Markierungen im Zentimeterabstand. Jeder Zentimeter steht dabei für einen Meter Fortbewegung – Sprung oder Zurückrutschen. Anhand der Zeichnung können sich die Schüler die Situation besser vorstellen.

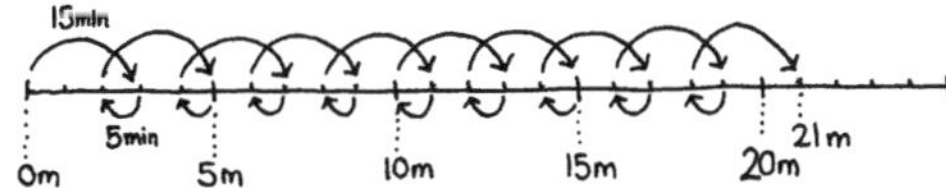

Der Frosch benötigte 195 Minuten, um die Entfernung zurückzulegen. Er erreichte den Brunnenrand um 9.15 Uhr.

Überprüfen und verallgemeinern

Die Schüler sollen erkennen, dass es mehr als eine Möglichkeit gibt, an die Aufgabe heranzugehen. Eine Zeitachse oder Gitterpapier hilft ihnen, sich das Problem vorzustellen, aber es ist genauso möglich, die Frage mittels einer Tabelle zu beantworten.

Ergänzung

Was wäre, wenn es 1 ½ Stunden gehagelt hätte und der Frosch gezwungen worden wäre, sich auf den Boden des Brunnens zurückzuziehen, nachdem er bereits 18 m zurückgelegt hatte? Der Frosch müsste noch einmal von vorne anfangen. Wie lange würde er jetzt brauchen?

Strategie Schaubilder zeichnen

★ Die Aufgabe verstehen

Was ist bekannt? ....

....

Was musst du herausfinden? ....
Welche Fragen hast du?
Worüber bist du dir unsicher? ....
Was verstehst du nicht? ....

★ Lösungswege planen und erläutern

Welchen Lösungsweg willst du versuchen? Zeichnest du eine Linie, um die Objekte darzustellen? Benutzt du eine Zeitleiste, um den Zeitablauf oder die zurückgelegte Entfernung aufzuzeigen? Zeichnest du ein Bild, das für Objekte steht? Verfolgst du die Reise auf einer Karte? Verwendest du Himmelsrichtungen? Benutzt du eine maßstabsgerechte Zeichnung? Stellst du Zusammenhänge zwischen Dingen mithilfe eines Schaubildes dar?

★ Überprüfen und verallgemeinern

Was hast du herausgefunden?
Wie genau ist deine Antwort? Wie kann dieser Lösungsweg auf andere Fragestellungen übertragen werden? Hättest du eine effektivere Methode anwenden können? Gibt es einen schnelleren Weg oder einen anderen Ansatz?

....

....

★ Ergänzen

Wie kann die Aufgabe erweitert werden? Welche Faktoren könnten als Teil einer „Was wäre, wenn?"-Frage ergänzt werden?

....

....

....

....

AUFGABENKARTEN – Schaubilder zeichnen

Aufgabe 1 Raum

Level 1

Susanne hat auf einer Seite des Flusses ein quadratisches Baumhaus gebaut. Für jede Seite hat sie 8 Äste verwendet. Wie viele Äste hat sie insgesamt verbaut?

Aufgabe 2 Raum

Level 1

Peter hat aus 4 verschiedenfarbigen Getränkekartons einen Turm gebaut. Der rote Karton liegt unter dem grünen Karton. Der blaue Karton liegt über dem gelben, der wiederum über dem grünen liegt. Welche Farbe hat der oberste Karton?

Aufgabe 3 Messen

Level 1

Georg soll ein Rohr in 7 Stücke zersägen. Für einen Schnitt benötigt er 4 Minuten. Wie lange braucht er insgesamt?

AUFGABENKARTEN – Schaubilder zeichnen

Aufgabe 4 Messen

Level 1

Eine Spinne klettert an einem 30 m hohen Gebäude hoch. Jeden Tag klettert sie 5 m nach oben und rutscht 1 m zurück. Wie viele Tage benötigt sie, um das Dach zu erreichen?

Aufgabe 5 Messen

Level 1

Jakob baut mit Legosteinen. Um 2 Steine zu verbinden, benötigt er 2 Sekunden. Wie lange braucht er, um 9 Steine zusammenzusetzen?

Aufgabe 6 Raum

Level 2

Martins Geburtstagskuchen ist würfelförmig und an den Seiten mit leckerem Guss überzogen. Wie viele Stücke hätten an keiner Seite, einer Seite, zwei oder drei Seiten Guss, wenn man den Kuchen in 27 Würfel zerschneiden würde?

AUFGABENKARTEN – Schaubilder zeichnen

Aufgabe 7 Raum

Level 2

Im Klassenzimmer der vierten Klasse sind die Tische in gleichmäßigen Reihen angeordnet. Lisa sitzt am vierten Tisch von vorne und am dritten Tisch von hinten. Rechts von Lisa stehen noch 4 Tische, links aber nur noch 1 Tisch. Wie viele Tische stehen im Klassenraum?

Aufgabe 8

Level 2

Frau Müller hat sich auf dem Weg zu einem wichtigen Treffen gründlich verfahren. Sie hält an und fragt einen Bauern nach dem Weg. Er erzählt ihr, dass einige Straßen überflutet seien und sie einen großen Umweg fahren müsse, um zum Ziel zu kommen. Der Bauer sagt, Frau Müller solle 4 km nach Norden fahren und dann 5 km in westlicher Richtung. Anschließend müsse sie 2 km nach Süden fahren, 1 km nach Osten und schließlich 1 km nach Norden. Dann würde sie ihren Zielort sicher erreichen.

Um sich die Wegbeschreibung merken zu können, zeichnet Frau Müller den Weg auf Karopapier. Hilf ihr dabei.

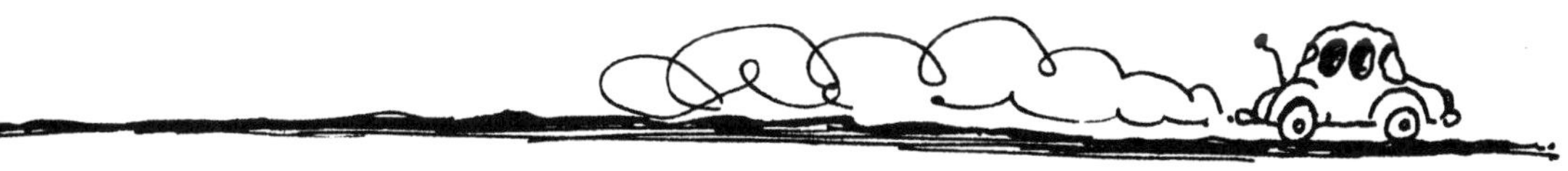

Aufgabe 9 Messen

Level 2

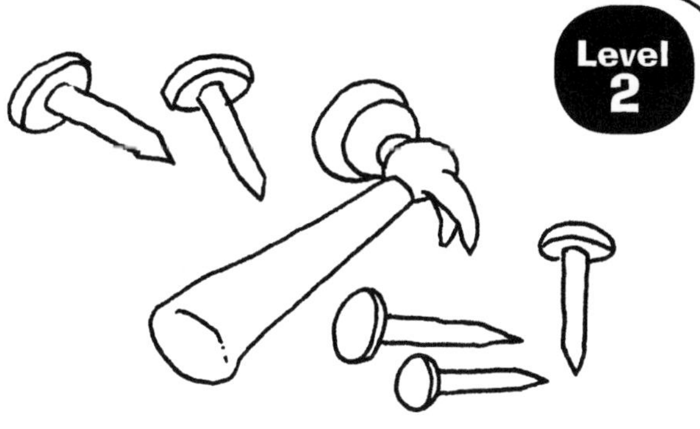

Für ihr Projekt in Werken muss Angela 5 Nägel in ein Holzstück hämmern. Die Nägel müssen mit jeweils 0,75 cm Abstand in einer Reihe stehen. Wie groß ist die Entfernung vom ersten bis zum letzten Nagel?

AUFGABENKARTEN – Schaubilder zeichnen

Aufgabe 10 | Zählen 123 | Level 2

Frau Meier grenzt einen Teil ihres Gartens als Gemüsebeet ab. Sie muss sicherstellen, dass die rechteckige Fläche an allen Seiten eingezäunt ist, damit nicht Schafe auf das Beet laufen und das Gemüse fressen. Sie benutzt insgesamt 26 Pfosten. An den Längsseiten verwendet sie 5 Pfosten mehr als an den Schmalseiten. Wie viele Pfosten braucht sie auf jeder Seite?

Aufgabe 11 | Zählen 123 | Level 2

Im Zeltlager stellen sich die Schüler in einer Reihe auf, um ihr Frühstück zu holen. Vor Tom stehen 50 Schüler. Tom ist hungrig und beschließt daher, sich in der Reihe nach vorne zu schummeln. Jedes Mal, wenn ein Schüler sein Frühstück erhält, schlüpft Tom an 2 Schülern vorbei. Wie viele Schüler erhalten ihr Frühstück vor ihm?

Aufgabe 12 | Zählen 123 | Level 2

227 Schüler nahmen an einer Versammlung teil. Jeder 10. Schüler erhielt ein Informationsblatt. Wie viele Schüler waren das?

AUFGABENKARTEN – Schaubilder zeichnen

Aufgabe 13 Raum

Level 3

5 Familien bauen in einem Neubaugebiet Häuser. Es müssen Straßen gebaut werden, um jedes Haus mit allen anderen zu verbinden. Wie viele Straßen sind das?

Aufgabe 14 Raum

Level 3

Ein Gärtner soll 10 Bäume in 5 Reihen pflanzen. Jede Reihe soll aus 4 Bäumen bestehen. Wie macht er das?

Aufgabe 15 Raum

Level 3

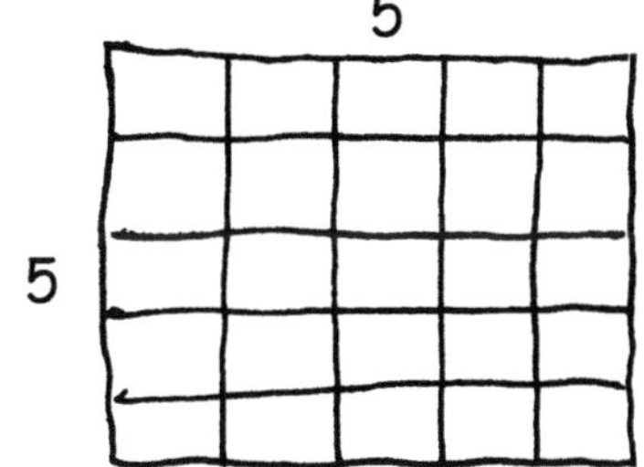

Für eine Schatzsuche müssen 10 Gegenstände im Garten vergraben werden. Der Garten ist in 25 Quadrate geteilt. Damit der Schatz nicht so leicht zu finden ist, ist es wichtig, die Gegenstände in verschiedenen Teilflächen zu verstecken.

Dabei musst du sicherstellen, dass in jeder Richtung nicht mehr als 2 Gegenstände in einer Reihe liegen.

AUFGABENKARTEN – Schaubilder zeichnen

Aufgabe 16

Messen

Level 3

Eine Schnecke findet sich am Boden eines Brunnens wieder. Der Brunnen ist 1530 cm tief. Jeden Tag kämpft sich die Schnecke 180 cm nach oben und macht dann Pause. Während sie sich ausruht, rutscht sie 30 cm nach unten. Wie lange dauert es, bis sie die Oberkante des Brunnens erreicht?

Aufgabe 17

Messen

Level 3

Die Straßen um die Schule herum sind für den jährlichen Schulmarathon abgesperrt worden. Während des Rennens müssen die Schüler auf den Straßen bleiben und alle Kontrollpunkte anlaufen. Welche Route ist die schnellste, wenn keine Teilstrecke mehr als einmal gelaufen werden soll?

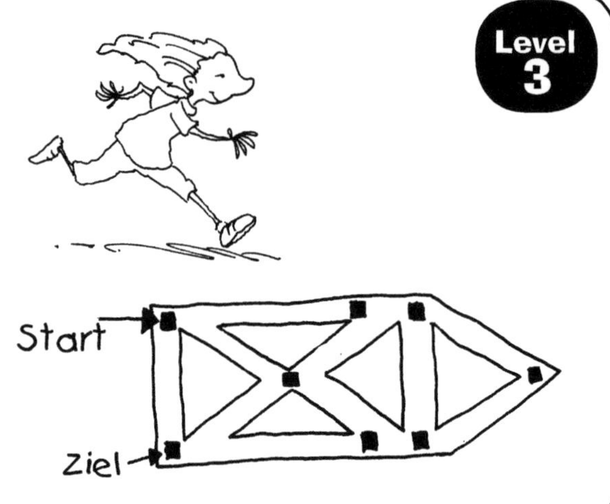

Aufgabe 18

Messen

Level 3

Eriks Garten ist 10 m breit und 14 m lang. Jeden Tag fährt Erik mit seinem Dreirad den 3 m langen Weg vom Hinterausgang des Hauses zum Garten und umrundet den Garten 4-mal. Dann fährt er den Pfad zurück und lässt sein Dreirad stehen. Wie weit fährt er jeden Tag?

Lösungen Schaubilder zeichnen

Aufgabe 1

Susanne hat für den Bau ihres quadratischen Baumhauses 28 Äste benutzt.

Aufgabe 2

Der blaue Getränkekarton befindet sich an der Spitze von Peters Turm.

Aufgabe 3

Georg muss 6 Schnitte machen, für die er jeweils 4 Minuten benötigt, also 6 × 4 Minuten = 24 Minuten.

Aufgabe 4

Die Spinne benötigt bis zur Spitze des Hauses 8 Tage.

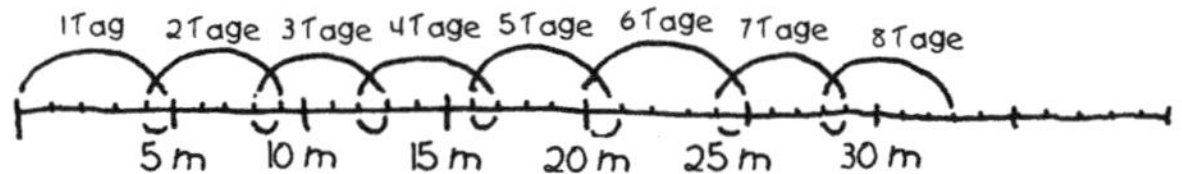

Aufgabe 5

Jakob muss 8 Verbindungen herstellen, um seine 9 Legosteine zusammenzubauen. Da er für jede Verbindung 2 Sekunden braucht, benötigt er insgesamt 8 × 2 Sekunden = 16 Sekunden.

Aufgabe 6

0 Seiten mit Guss	1 Seite mit Guss	2 Seiten mit Guss	3 Seiten mit Guss
1	6	12	8

Aufgabe 7

Es sind 6 Tische in jeder Reihe von vorne nach hinten und 6 Tische in jeder Querreihe, sodass sich im Klassenzimmer 6 × 6 Tische = 36 Tische befinden.

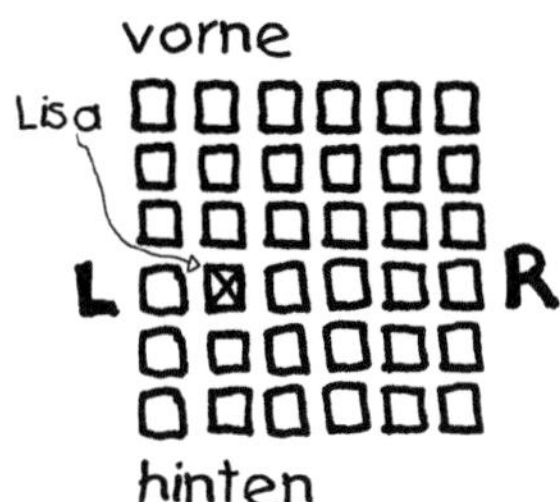

Aufgabe 8

Hier ist die Karte mit Frau Müllers Weg zu dem Treffen.

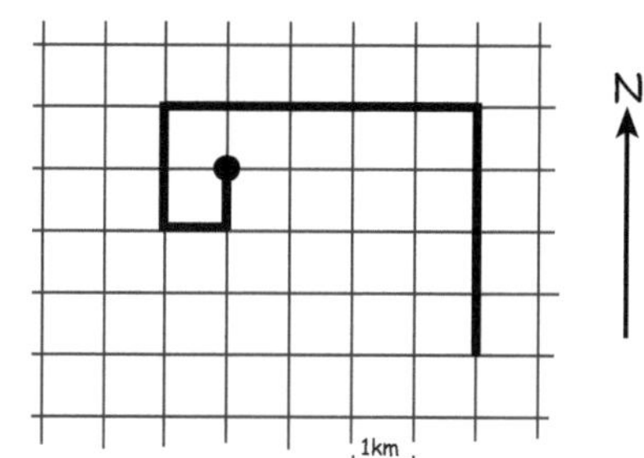

Aufgabe 9

Angelas Reihe Nägel ist vom ersten bis zum letzten Nagel 3 cm lang.

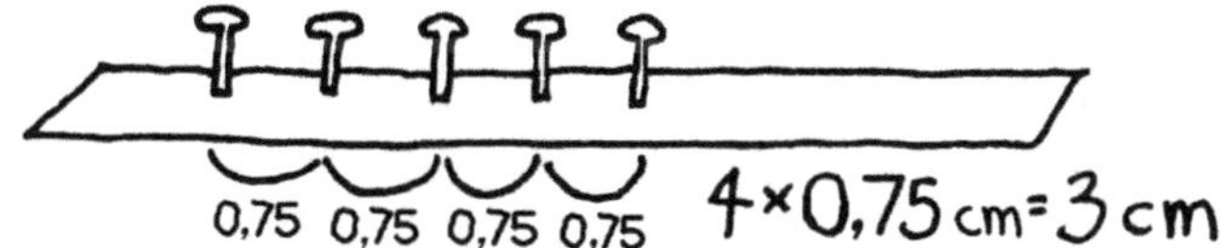

Aufgabe 10

Frau Meier verwendet für die Längsseiten ihres Zauns 10 Pfosten und für die Schmalseiten 5.

Aufgabe 11

Zur Veranschaulichung können die Schüler 50 Punkte aufmalen. Am hinteren Ende der Punkte überspringen sie mit einem Spielstein zwei Punkte und streichen dann am vorderen Ende einen Punkt weg usw. 16 oder 17 Schüler bekommen ihr Essen vor Tom, je nachdem, ob ein Schüler sein Essen erhält, bevor Tom sich bewegt, oder ob Tom sich bewegt, bevor irgendjemand sein Essen bekommt.

Lösungen Schaubilder zeichnen

Aufgabe 12

22 Schüler erhielten ein Informationsblatt.
10 Schüler von 100 bzw. 20 Schüler von 200 und 2 Schüler von 27 ergeben 22 Schüler insgesamt.

Aufgabe 13

Es müssen 10 Straßen gebaut werden, um jedes Haus mit jedem anderen zu verbinden.

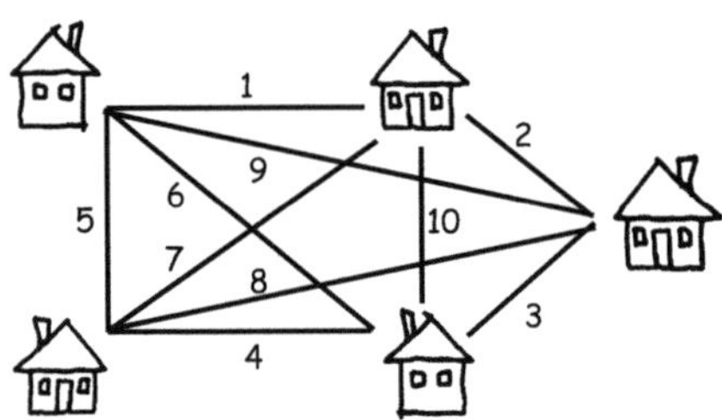

Aufgabe 14

Die Abbildung zeigt, wie der Gärtner seine 10 Bäume in 5 Reihen pflanzt.

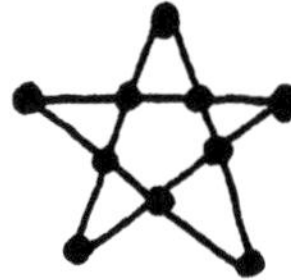

Aufgabe 15

So kann der Schatz zum Beispiel versteckt sein:

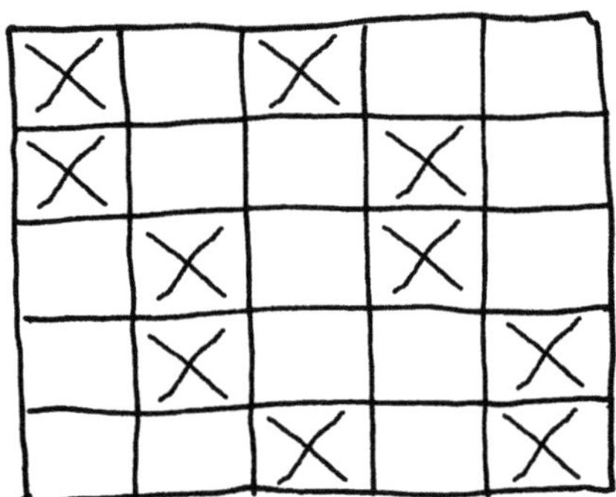

Aufgabe 16

Eine Entfernungsschiene veranschaulicht die Aufgabe. Die Schnecke erreichte den oberen Rand des Brunnens am 10. Tag.

Tag	klettert bis (cm)	rutscht bis (cm)
1	180	150
2	330	300
3	480	450
4	630	600
5	780	750
6	930	900
7	1080	1050
8	1230	1200
9	1380	1350
10	1530	

Aufgabe 17

Die in der Abbildung eingezeichnete Route ist die schnellste. Die Spiegelung dieser Route ist natürlich genauso schnell.

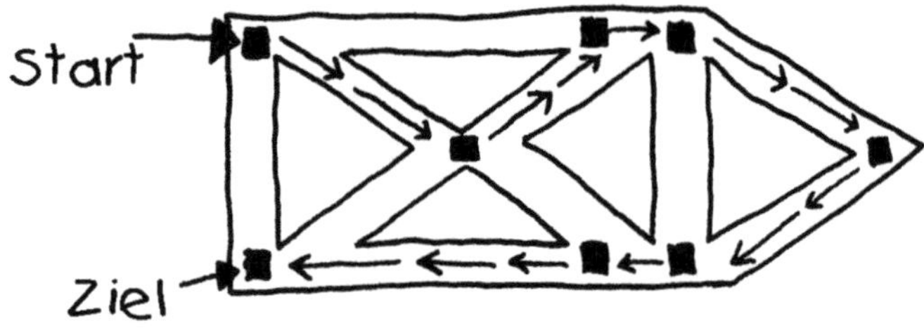

Aufgabe 18

Erik fährt jeden Tag 198 m.

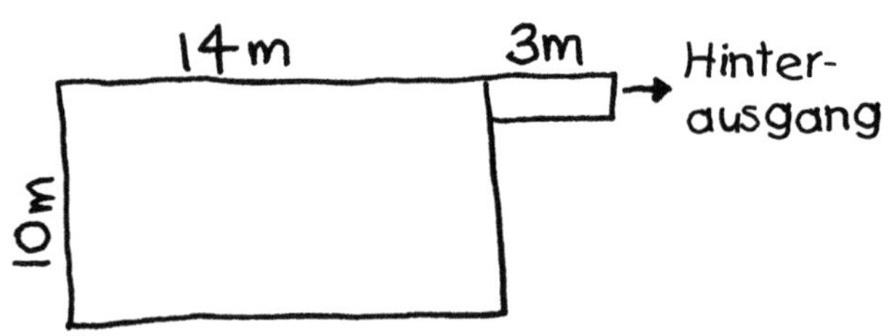

Eine Runde um den Garten sind 10 m + 14 m + 10 m + 14 m = 48 m.
4 Runden sind 4 × 48 m = 192 m.
Hin und zurück sind 2 × 3 m = 6 m.
Gesamtentfernung 192 m + 6 m = 198 m.

STRATEGIE

STRATEGIE

STRATEGIE

STRATEGIE

Tabellen erstellen

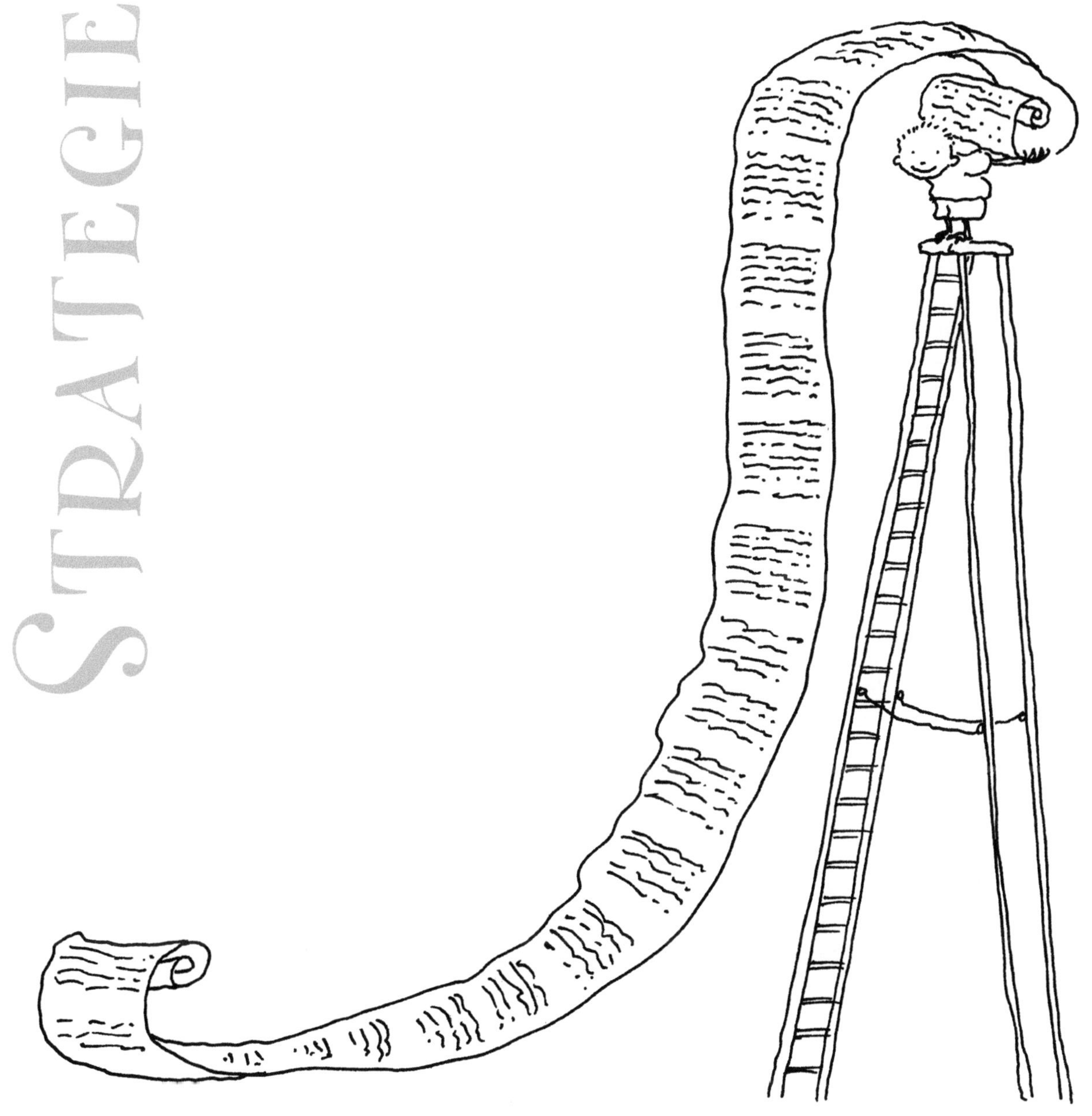

Unterrichtshinweise Tabellen erstellen

Wenn eine Aufgabenstellung Informationen über verschiedene Merkmale eines Objekts enthält, ist es ein effektiver Lösungsansatz, diese Informationen in einer Tabelle zusammenzufassen. In Tabellen sind die Informationen so angeordnet, dass sie leicht verständlich sind und Zusammenhänge zwischen den verschiedenen Zahlenreihen klar werden. Mithilfe einer Tabelle kann man gut erkennen, was an Informationen vorhanden ist und was fehlt. Häufig ergeben sich in einer Tabelle Muster oder Teillösungen, die vervollständigt werden können. Die Schüler müssen in der Regel einen Teil der Informationen erschließen, um die Tabelle ergänzen und so die Aufgabe lösen zu können.
Die Verwendung von Tabellen kann dazu beitragen, Fehlermöglichkeiten und Wiederholungen zu reduzieren. Häufig werden Sie Ihre Schüler bei der Entscheidung unterstützen müssen, wie die Informationen in der Aufgabenstellung zu klassifizieren und aufzuteilen sind. Geben Sie Ratschläge hinsichtlich der Zahl der benötigten Spalten und Zeilen und der zu verwendenden Überschriften. Symbole und Abkürzungen tragen zur Übersichtlichkeit der Tabellen bei. Bitten Sie Ihre Schüler, diese zu benutzen.
Bestimmte Fertigkeiten und Kenntnisse sollten vertieft werden, bevor Schüler diese Strategie anwenden.

Wie viele Spalten und Zeilen werden benötigt, um alle Variablen unterbringen zu können?

Bevor es ans Zeichnen einer Tabelle geht, ist ein erster sehr wichtiger Schritt, die Fragestellung genau durchzulesen und festzustellen, wie viele Variablen Platz finden müssen. Helfen Sie Ihren Schülern, diese Fähigkeit zu entwickeln. Zuerst sollten die Schüler entscheiden, wie viele Faktoren eine Rolle spielen und dann diskutieren, welcher Faktor eine Spalte und welcher eine Zeile erfordert. Die Schüler sollten sich darüber klar sein, was die Tabelle ihnen sagen wird. Überschriften für Spalten und Zeilen sind wichtig, weil sie den genauen Inhalt der Tabelle anzeigen.

Beispiel: Auf einem Bauernhof gibt es 18 Tiere. Es handelt sich um Hühner und um Kühe. 70 Beine sind zu erkennen. Wie viele Hühner und wie viele Kühe sind zu sehen?

Es ist eine Tabelle mit drei Spalten notwendig:

Zahl der Hühner	Zahl der Kühe	Zahl der Beine

Lücken in Tabellen lassen und Muster im Kopf ergänzen

Oft werden in einer Tabelle Muster sichtbar. Die Schüler können einige Daten weglassen (also Lücken in der Tabelle lassen) und – dem Muster folgend – im Kopf weiterrechnen, bis die geforderte Zahl oder der geforderte Betrag erreicht ist.
Zum Beispiel werden in der folgenden Aufgabe zwei Menschen verglichen. Frau Meister ist 32 Jahre alt, ihre Tochter Lisa 8. Wie alt wird Lisa sein, wenn sie halb so alt ist wie ihre Mutter?

Es wird eine Tabelle mit zwei Spalten angelegt:

Lisa	Frau Meister
8	32
9	33
10	34
11	35
12	36
13	37
24	48

Wir haben in der Tabelle Lücken gelassen und im Kopf herausgefunden, dass Frau Meister 48 Jahre alt sein wird, wenn Lisa 24 ist.

Unterrichtshinweise Tabellen erstellen

Mit Tabellen das Vielfache von Zahlen ermitteln

Wenn man Vielfache von Zahlen berechnet, ergibt sich schnell ein Muster. Wieder genügt es, nur ein paar Schritte aufzuzeichnen, bis das Muster sichtbar wird, dem man bis zum Ergebnis folgen kann.
Beispiel: Forschungsergebnisse zeigen, dass drei von zehn Menschen blond sind. Wie viele Blonde wird man unter 1000 Menschen finden?

Haarfarbe blond	Gesamtzahl Menschen
3	10
30	100
300	1000

Ein zweites Beispiel zeigt, wie ein Muster entsteht, wenn man Gesamtsummen berechnet:
Fünf von zwölf Schülern einer Schule sind Jungen. Wie viele Mädchen gibt es, wenn die Schule insgesamt 768 Schüler hat?

Mädchen	Jungen	Schüler insgesamt
7	5	12
14	10	24
28	20	48
56	40	96
112	80	192
224	160	384
448	320	768

448 der 768 Schüler sind Mädchen.

Mustern folgen

Mithilfe von Tabellen lassen sich verschiedene Arten von Mustern ermitteln. Informationen aus einer Fragestellung können in Tabellen aufgelistet und daraufhin untersucht werden, ob sich Muster ergeben.
Beispiel: Ein Kind spielt im Park alleine Basketball. Dann kommen hintereinander in regelmäßigen Abständen andere Schülergruppen in den Park. Aus jeder neuen Gruppe entscheiden sich zwei Schüler mit Basketball zu spielen. Die erste Gruppe besteht aus drei Kindern, die zweite aus fünf und die dritte aus sieben Kindern usw. Wie viele Gruppen sind in den Park gekommen, wenn sich insgesamt 64 Menschen im Park befinden?

Für diese Tabelle werden drei Spalten benötigt. Als Überschriften sollten Gruppen, Menschen und Gesamtzahl gewählt werden.

Gruppen	Menschen	Gesamtzahl
	1	1
1	3	4
2	5	9
3	7	16
4	9	25
5	11	36
6	13	49
7	15	64

Es sind 7 Gruppen in den Park gekommen.

Unterrichtsbeispiele Tabellen erstellen

Beispiel 1

Eine Gruppe von Schülern lernt ein langes Gedicht, das sie bei einem Schulkonzert vortragen will. Jede Woche wird den Schülern eine bestimmte Anzahl Strophen beigebracht. In der ersten Woche lernen sie 1 Strophe und am Ende der zweiten Woche können sie 3 Strophen. Am Ende der dritten Woche können die Schüler 6 Strophen vortragen und am Ende der vierten Woche kennen sie 10. Wie viele Strophen können sie nach 12 Wochen vortragen?

Die Aufgabe verstehen

Was wissen wir?

In der ersten Woche lernen die Schüler 1 Strophe. Am Ende der zweiten Woche kennen sie 3. Am Ende der dritten Woche beherrschen sie 6. Am Ende der vierten Woche können sie 10.

Was sollen wir herausfinden?

Frage: Wie viele Strophen konnten die Schüler nach 12 Wochen?
Gibt es eine Gesetzmäßigkeit, die beim Ausfüllen einer Tabelle hilft?

Lösungswege planen und erläutern

Die Schüler sollten eine Tabelle mit 2 Zeilen und 13 Spalten oder 2 Spalten und 13 Zeilen entwerfen. Die erste Zeile listet die Wochen (1–12) auf, die zweite die Zahl der gelernten Strophen. Sobald die bekannten Daten eingetragen sind, zeigt sich eine Gesetzmäßigkeit und die Zahl der Strophen kann berechnet werden. (Das Muster hier ist + 1, + 2, + 3 ...)

Woche	1	2	3	4	5	6	7	8	9	10	11	12
Strophen	1	3	6	10	15	21	28	36	45	55	66	78

Nach 12 Wochen können die Schüler 78 Strophen vortragen.

Überprüfen und verallgemeinern

Sobald die Tabelle ausgefüllt ist, ist ein Muster sichtbar. Schüler, die bereits Sicherheit gewonnen haben, können einen Teil der Tabelle leer lassen und das Muster im Kopf vervollständigen. Ermutigen Sie die Schüler, Gesetzmäßigkeiten zu erkennen und diese weiter zu verfolgen.

Ergänzung

Die Aufgabe kann dahingehend erweitert werden, dass es Wiederholungswochen gibt, in denen keine neuen Strophen gelernt werden. Wie beeinflusst dies das Ergebnis?

Beispiel 2

Wir veranstalten in der Aula ein Benefizkonzert. Der erste Zuhörer kommt allein, anschließend kommt eine Gruppe von 3 Freunden. Jede folgende Gruppe hat immer 2 Mitglieder mehr als die vorige. Wie viele Menschen kommen mit der 20. Gruppe?

Die Aufgabe verstehen

Was wissen wir?

Die erste Person ist alleine.
Danach kommen 3 Leute herein.
Jede neue Gruppe hat 2 Mitglieder mehr als die vorige.

Was sollen wir herausfinden?

Frage: Wie groß sind die einzelnen aufeinanderfolgenden Gruppen?
Wie groß ist die 20. Gruppe?

Lösungswege planen und erläutern

Wir benötigen eine Tabelle mit 2 Zeilen und 21 Spalten (oder zwei Spalten und 21 Zeilen). In die erste Zeile tragen wir die Zuschauergruppen ein, in die zweite Zeile die jeweilige Anzahl der Gruppenmitglieder. Die Zuschauergruppen werden bis 20 durchnummeriert. Die Mitgliederzahlen der einzelnen Gruppen steigen an. Es sind, mit 1 beginnend, die ungeraden Zahlen.

Überprüfen und verallgemeinern

Wenn man dem Muster folgt, ist es einfach, die Größe der 20. Gruppe zu bestimmen. Schüler, die sicher sind, können auf den Mittelteil der Tabelle verzichten, da sie das sich entwickelnde Muster erkennen.

Ergänzung

Die Fragestellung kann erweitert werden, in dem die Gruppengrößen variiert oder weitere Gruppen einbezogen werden.

Zuschauergruppen	1	2	3	4	5	6	7	8	9	10	11	12	13	14	15	16	17	18	19	20
Mitgliederzahl	1	3	5	7	9	11	13	15	17	19	21	23	25	27	29	31	33	35	37	39

In der 20. Gruppe befinden sich 39 Personen.

Beispiel 3

Wie viele Möglichkeiten gibt es, eine 1-Euro-Münze in 50-Cent-, 20-Cent- und 10-Cent-Münzen zu wechseln?

Die Aufgabe verstehen

Was ist bekannt?

Wir haben eine 1-Euro-Münze.
Wir können in 50-Cent-, 20-Cent- und 10-Cent-Münzen wechseln.

Was sollen wir herausfinden?

Frage: Wie viele verschiedene Möglichkeiten gibt es, eine Euromünze in 50-Cent-, 20-Cent- und 10-Cent-Münzen zu wechseln?

Lösungswege planen und erläutern

Wir beginnen mit 50-Cent-Münzen und bestimmen, wie viele 50-Cent-Münzen 1 Euro ergeben.
Dann prüfen wir alle Kombinationsmöglichkeiten mit 50-Cent-, 20-Cent- und 10-Cent-Münzen. Anschließend lassen wir die 50-Cent-Münzen weg und wiederholen das Ganze für 20-Cent- und 10-Cent-Münzen.
Zum Schluss bestimmen wir, wie viele 10-Cent-Münzen 1 Euro ergeben.

Indem wir unsere Zwischenergebnisse in eine Tabelle eintragen, stellen wir sicher, dass wir nichts vergessen haben und sich auch keine Lösung wiederholt.

50 Cent	20 Cent	10 Cent
2		
1	2	1
1	1	3
1		5
	5	
	4	2
	3	4
	2	6
	1	8
		10

Es gibt 10 verschiedene Möglichkeiten, 1 Euro in 50-Cent-, 20-Cent- und 10-Cent-Münzen zu wechseln.

Überprüfen und verallgemeinern

Unser Weg war logisch und systematisch und stellte sicher, dass wir alle möglichen Kombinationen herausgefunden haben.

Ergänzung

Bitten Sie die Schüler, auf vergleichbare Weise eine 2-Euro-Münze in 1-Euro-, 50-Cent-, 20-Cent- und 10-Cent-Münzen zu wechseln.

Strategie Tabellen erstellen

★ Die Aufgabe verstehen

Was ist bekannt? ....

....

Was musst du herausfinden? ....

Welche Fragen hast du?

Worüber bist du dir unsicher? ....

Was verstehst du nicht? ....

★ Lösungswege planen und erläutern

Wie viele Variablen gibt es? Wie viele Spalten brauchst du für die Tabelle? Was sind die passenden Spaltenüberschriften? Kannst du Symbole oder Bilder verwenden? Kannst du Lücken in der Tabelle lassen, sobald du ein Muster erkennst?

★ Überprüfen und verallgemeinern

Wie genau ist deine Antwort? Wie kann dieser Lösungsweg auf andere Fragestellungen übertragen werden? Hättest du eine effektivere Methode anwenden können? Welche Technik war nützlich?

....

....

....

....

....

....

....

★ Ergänzen

Wie kann die Aufgabe erweitert werden? Welche Faktoren könnten als Teil einer „Was wäre, wenn?"-Frage ergänzt werden?

....

....

....

....

....

....

AUFGABENKARTEN – Tabellen erstellen

Aufgabe 1

Zählen 1 2 3

Level 1

Susanne und Maria gehen beide jede Woche zum Turnen. Susanne geht alle 3 Tage, Maria dagegen jeden 4. Tag. Wenn sie beide am Montag da waren, wann treffen sie sich das nächste Mal wieder?

Aufgabe 2

Zählen 1 2 3

Level 1

18 Leute saßen in der Achterbahn. Auf 2 besetzte Plätze kam jeweils 1 leerer.
Wie viele Plätze waren leer?

Aufgabe 3

Zählen 1 2 3

Level 1

Manu pflückt als Ferienjob Äpfel. Ihr Arbeitgeber gibt ihr 1 Cent für den ersten Baum, den sie abgeerntet hat, 2 Cent für den zweiten, 4 Cent für den dritten und 8 Cent für den vierten. Wie viel bekommt sie für den achten Baum, den sie aberntet? Wie viel verdient sie insgesamt, wenn sie acht Bäume aberntet?

AUFGABENKARTEN – Tabellen erstellen

Aufgabe 4 Zählen 1 2 3 Level 2

Ein Bauer hat 3 Hühnerkäfige. Im ersten hält er rote Hennen, im zweiten schwarze und im dritten weiße. Jeden Tag legen die roten Hennen 5, die schwarzen 8 und die weißen 3 Eier. Wie lange dauert es, bis die Hennen insgesamt 80 Eier gelegt haben?

Aufgabe 5 Zählen 1 2 3 Level 2

Auf dem Bauernhof gibt es 18 Tiere. Es handelt sich um Hühner und Schafe. Wenn du 50 Beine zählst, wie viele Hühner und wie viele Schafe sind es dann?

Aufgabe 6 Zählen 1 2 3 Level 2

Simone hat in ihrem Garten 3 Pfirsichbäume und 3 Pflaumenbäume. Für je 8 reife Pfirsiche pflückt sie 3 reife Pflaumen. Als die Bäume abgeerntet sind, hat sie 64 Pfirsiche. Wie viele Früchte hat sie insgesamt geerntet?

AUFGABENKARTEN – Tabellen erstellen

Aufgabe 7 Zählen 123 Level 2

Ein Hund fraß täglich Nüsse. Am ersten Tag fraß er 5 Stück. Jeden Tag konnte er 8 Nüsse mehr fressen als am vorherigen. Wie viele Nüsse fraß er am fünften Tag? Und wie viele Nüsse fraß er in fünf Tagen insgesamt?

Aufgabe 8 Messen Level 2

Jedes Mal, wenn ein Gummiball vom Boden wieder abprallt, springt er halb so hoch, wie er vorher gefallen ist. Wenn Max einen Ball von einem Gebäude fallen lässt und der Ball beim ersten Aufprall 24 m hochspringt, wie hoch kommt der Ball dann, wenn er das fünfte Mal springt?

Aufgabe 9 Zählen 123 Level 2

Nicole bäckt 100 Kekse für das Schulfest. Beim Schmücken der Plätzchen wird ihr langweilig und sie beschließt, die Dekoration abzuwechseln. Auf jedes dritte Plätzchen legt sie eine Nuss, jedes vierte Plätzchen glasiert sie und auf jedes fünfte setzt sie eine Kirsche. Wie viele Plätzchen haben alle 3 Dekorationen, wenn Nicole mit allen 100 Plätzchen fertig ist?

AUFGABENKARTEN – Tabellen erstellen

Aufgabe 10 Zählen 123 Level 3

In einem Zoogeschäft wurde festgestellt, dass auf 7 geschlüpfte weibliche Goldfische nur 5 männliche kamen. Wenn innerhalb eines Jahres insgesamt 156 Goldfische geschlüpft sind, wie viele davon waren Weibchen?

Aufgabe 11 Zählen 123 Level 3

Auf einem fremden Planeten sind von 20 Bewohnern 6 Tiere, 9 Menschen und die restlichen Roboter. Wie viele Roboter befinden sich auf dem Planeten, wenn es 108 Menschen gibt?

Aufgabe 12 Zählen 123 Level 3

Ein Fahrradladen führte Fahrräder und Dreiräder. Insgesamt wurden 12 Fahr- und Dreiräder und 25 Reifen gezählt. Wie viele Fahrräder und wie viele Dreiräder befanden sich in dem Laden?

AUFGABENKARTEN – Tabellen erstellen

Aufgabe 13 Zählen 123 **Level 3**

Peter wohnt direkt neben einem Golfplatz. Jeden Tag nach der Schule geht er dorthin und sammelt Golfbälle. Am ersten Tag sucht er so lange, bis er 1 Golfball findet, am zweiten Tag ebenfalls 1. Am dritten Tag sucht er, bis er 2 Bälle findet und am vierten Tag 3. Am fünften Tag sammelt er 5 und am sechsten Tag 8. Am siebten Tag sucht er 13 Golfbälle. Wie viele wird er am nächsten Tag suchen? Und wie viele Golfbälle hat er dann insgesamt?

Aufgabe 14 Zählen 123 **Level 3**

Du sollst einige Geldsäcke auf einer Insel verstecken. Das Geld wurde wie folgt auf 9 Säcke verteilt: 21€, 20€, 19€, 12€, 11€, 10€, 3€, 2€, 1€.
Du sollst die Säcke in einem Raster mit 3 Spalten und 3 Zeilen verteilen und zwar so, dass in jeder Reihe sowohl horizontal als auch vertikal und diagonal 33€ liegen.

Aufgabe 15 Zählen 123 **Level 3**

Jessica rudert an der Küste entlang nach Büsum. Jeden Tag rudert sie weniger weit, weil sie immer müder wird. Am ersten Tag schafft sie 38 km, am zweiten 35 km, am dritten 32 km und am vierten Tag 29 km. Wie viele Tage wird sie insgesamt für die 203 km nach Büsum brauchen?

Lösungen Tabellen erstellen

Aufgabe 1

Susanne und Maria sind am Samstag der zweiten Woche zusammen beim Turnen.

Tag	Susanne	Maria
Mo	×	×
Di	–	–
Mi	–	–
Do	×	–
Fr	–	×
Sa	–	–
So	×	–
Mo	–	–
Di	–	×
Mi	×	–
Do	–	–
Fr	–	–
Sa	×	×

Aufgabe 2

9 Plätze waren nicht besetzt.

Besetzt	2	4	6	8	10	12	14	16	18
Leer	1	2	3	4	5	6	7	8	9
Insgesamt	3	6	9	12	15	18	21	24	27

Aufgabe 3

Manu bekommt 128 Cent für den 8. Baum und insgesamt 255 Cent.

Apfelbaum	Cent pro Baum	Summe Cents
1	1	1
2	2	2 + 1 = 3
3	4	4 + 3 = 7
4	8	8 + 7 = 15
5	16	16 + 15 = 31
6	32	32 + 31 = 63
7	64	64 + 63 = 127
8	128	128 + 127 = 255

Aufgabe 4

Die Hennen brauchen 5 Tage, um 80 Eier zu legen.

Tag	Rot	Schwarz	Weiß	Eier insgesamt
1	5	8	3	16
2	10	16	6	32
3	15	24	9	48
4	20	32	12	64
5	25	40	15	80

Aufgabe 5

Auf dem Bauernhof leben 11 Hühner und 7 Schafe.

Hühner	1	2	3	4	+ 1 jedes Mal	11
Schafe	17	16	15	14	– 1 jedes Mal	7
Beine	70	68	66	64	– 2 jedes Mal	50

Aufgabe 6

Insgesamt pflückte Simone 88 Früchte

Pfirsiche	Pflaumen	Früchte insgesamt
8	3	11
16	6	22
24	9	33
32	12	44
40	15	55
48	18	66
56	21	77
64	24	88

Aufgabe 7

In 5 Tagen fraß der Hund 105 Nüsse.

Tag	Nüsse pro Tag	Gesamtzahl Nüsse
1	5	5
2	13	18
3	21	39
4	29	68
5	37	105

Lösungen Tabellen erstellen

Aufgabe 8

Der Ball wird beim fünften Mal 1,5 m hochspringen.

Aufprall 1	24 m
Aufprall 2	12 m
Aufprall 3	6 m
Aufprall 4	3 m
Aufprall 5	1,5 m

Aufgabe 9

Nur ein Plätzchen ist dreifach dekoriert, das 60.

		N	G	K	N		G	N	K
	NG			NK	G		N		GK
N			NG	K		N	G		NK
	G	N		K	NG			N	GK
	N		G	NK			NG		K
N	G		N	K	G	N			NGK
		N	G	K	N		G	N	K
	NG			NK	G		N		GK
N			NG	K		N	G		NK
	G	N		K	NG			N	GK

Aufgabe 10

Unter den geschlüpften 156 Goldfischen sind 91 weiblich.

Weibchen	Männchen	Gesamtzahl
7	5	12
14	10	24
21	15	36
28	20	48
35	25	60
42	30	72
49	35	84
56	40	96
63	45	108
70	50	120
77	55	132
84	60	144
91	65	156

Aufgabe 11

Es gibt 60 Roboter.

Bewohner insgesamt	20	80	160	240
Tiere	6	24	48	72
Menschen	9	27	72	108
Roboter	5	20	40	60

Aufgabe 12

Im Laden befanden sich 11 Fahrräder und 1 Dreirad.

Fahrräder	1	2	3	+ 1 jedes Mal	11
Dreiräder	11	10	9	– 1 jedes Mal	1
Reifen	35	34	33	– 1 jedes Mal	25

Aufgabe 13

Am achten Tag sucht Peter 21 Golfbälle. Insgesamt hat er 54 eingesammelt.

Bälle am Tag	1	1	2	3	5	8	13	21
„Rechenregel"		1+0	1+1	2+1	3+2	5+3	8+5	13+8
Bälle insgesamt	1	2	4	7	12	20	33	54

Aufgabe 14

12 €	19 €	2 €
1 €	11 €	21 €
20 €	3 €	10 €

Aufgabe 15

Jessica wird 7 Tage bis Büsum brauchen.

Tag	Tageskilometer	Kilometer gesamt
1	38	38
2	35	73
3	32	105
4	29	134
5	26	160
6	23	183
7	20	203

STRATEGIE

Situationen darstellen oder Gegenstände verwenden

STRATEGIE
STRATEGIE
STRATEGIE

Unterrichtshinweise

Situationen darstellen oder Gegenstände verwenden

Manchmal ist es für Schüler schwierig, ein abstraktes Problem zu verstehen. Wenn es ihnen schwerfällt, sich eine Aufgabenstellung oder die Vorgehensweise, die zur Lösung erforderlich ist, vorzustellen, hilft es oft, konkrete Materialien zu benutzen, die die Menschen oder Dinge in der Aufgabe repräsentieren. Spielmarken, Bausteine, Stifte, Radiergummis usw. können Personen oder Plätze symbolisieren. Diese Objekte können gemäß der Aufgabenstellung bewegt werden. Dabei ist es wichtig, die Bewegung aufzuzeichnen, um das Vorgehen verfolgen zu können.
Es kann den Schülern auch sehr helfen, die Rollen der verschiedenen Personen in der Aufgabe nachzuspielen. Bestimmte Fertigkeiten und Kenntnisse sollten vertieft werden, bevor die Schüler diesen Lösungsansatz verwenden.

Sich von einer Stelle zur anderen bewegen

Wenn sich in einer Aufgabenstellung die Figuren oder Dinge viel bewegen, ist dies für die Schüler oft verwirrend, sie haben Schwierigkeiten die Aufgabe zu lösen. Indem Sie die Schüler dazu bringen, die Situation darzustellen oder mithilfe von Gegenständen nachzuvollziehen, lassen sich die Bewegungen aufzeichnen.
Beispiel: Der Fensterputzer stand auf der mittleren Sprosse der Leiter während er von außen die Fenster eines Bürogebäudes putzte. Er stieg 3 Sprossen nach oben, um weitere Fenster zu putzen, als er einen Fleck sah, den er weiter unten übersehen hatte. Er stieg 7 Sprossen hinunter, um ihn wegzuputzen, und dann die verbliebenen 10 Sprossen nach oben. Nun befand er sich ganz oben auf der Leiter. Wie viele Sprossen hatte die Leiter insgesamt?
Bitten Sie die Schüler nun, die Situation nachzuspielen. Zeichnen Sie mit Kreide eine Leiter auf den Boden, wobei die Sprossen alle den gleichen Abstand haben. Mit einem Pfeil geben Sie an, wo es nach oben geht, außerdem wird die mittlere Sprosse markiert. Ein Schüler spielt jetzt den Fensterputzer. Er startet auf der Mitte der Leiter und steigt 3 Sprossen nach oben. Dann bitten Sie den Schüler, sich umzudrehen und 7 Sprossen nach unten zu steigen. Anschließend dreht er sich wieder um und steigt 10 Sprossen nach oben. Diese Stelle wird als Spitze der Leiter markiert. Dann lassen Sie die Schüler die Sprossen zurück zur mittleren Sprosse zählen. Indem die Schüler dieselbe Anzahl Stufen weiter nach unten zählen, können sie feststellen, dass die Leiter insgesamt 13 Sprossen hat.

Ein ähnlicher Ansatz ist bei folgender Aufgabe möglich: Eine Spinne klettert die Seite einer 10 m hohen Mauer hoch. Sie klettert jede Stunde 3 m höher und ruht danach 1 Stunde aus. In dieser Stunde gleitet sie wieder 1 m nach unten. Wie lange dauert es, bis die Spinne oben angekommen ist?
Ziehen Sie auf dem Boden eine 10 m lange Linie und lassen Sie Schüler oder Objekte die Bewegungen der Spinne nachvollziehen. Bitten Sie andere Schüler mitzuzählen: je 1 Stunde pro 3 m, die die Spinne vorwärts geht, und je 1 Stunde für jeden Meter, den sie zurückgleitet.

Unterrichtshinweise

Situationen darstellen oder Gegenstände verwenden

Geldbeträge

Oft werden in Aufgaben Geldbeträge oder Dinge zwischen Menschen getauscht. Wenn man sich die Situation nicht veranschaulicht, kann eine solche Aufgabe sehr verwirrend sein. Die hier dargestellte Methode ist besonders hilfreich bei komplexeren Austauschvorgängen, bei denen die Schüler möglicherweise die verschiedenen Operationen nicht genau aufschreiben oder erklären können.
Beispiel: Klaus, Silke und Sabine bekommen von ihren Großeltern zusammen 160 Euro zum Geburtstag. Ihre Eltern sollen den Gesamtbetrag so aufteilen, dass Klaus 20 Euro mehr erhält als Silke und 30 Euro mehr als Sabine. Wie viel Geld bekommt jedes der Kinder?
Bitten Sie drei Schüler, Klaus, Silke und Sabine zu spielen und 160 Euro Spielgeld zu benutzen.
Beginnen Sie damit, Silke einen bestimmten Betrag zu geben.

Silke bekommt 40 Euro.
Klaus soll 20 Euro mehr erhalten, also
40 Euro + 20 Euro = 60 Euro.
Sabine soll 30 Euro weniger erhalten als Klaus, also
60 Euro – 30 Euro = 30 Euro.

40 Euro + 60 Euro + 30 Euro ergeben zusammen 130 Euro, das ist zu wenig.

Beginnen Sie mit einem höheren Betrag.
Silke erhält 50 Euro.
Klaus soll 50 Euro + 20 Euro = 70 Euro erhalten.
Sabine soll 70 Euro – 30 Euro = 40 Euro bekommen.
50 Euro + 70 Euro + 40 Euro ergeben 160 Euro. Das stimmt.

Spezifische Mengen

Manchmal müssen Schüler exakte Mengen abmessen, aber sie haben keine Behälter, die die korrekte Menge aufnehmen können. Die Schüler müssen einen Weg finden, die gewünschte Menge mit den zur Verfügung stehenden Behältern genau abzumessen. Wenn die Situation nachgespielt wird, ist es einfacher, eine Lösung auszuarbeiten.
Beispiel: Es müssen genau 3 Liter abgefüllt werden und ich habe nur einen 2-Liter- und einen 5-Liter-Kanister. Was kann ich tun?
Ich kann den 5-Liter-Kanister mit Wasser füllen und exakt 2 Liter in den 2-Liter-Kanister umfüllen. Im 5-Liter-Kanister bleiben genau 3 Liter übrig.

Gegenstände verwenden

Wenn in einer Aufgabe große Zahlen (von Objekten oder Personen) vorkommen, ist es möglicherweise nicht praktikabel, Schüler die Situation nachspielen zu lassen. Die Verwendung von konkretem Material wie Spielmarken und Bausteinen wird den Schülern helfen, die Vorgänge nachzuvollziehen.
Beispiel: Markus steht in der Kantine an. Vor ihm sind 50 Leute, aber er ist sehr ungeduldig. Jedes Mal, wenn vorne ein Schüler bedient wird, schummelt sich Markus an 2 Schülern vorbei. Wie viele Leute haben ihr Essen schon bekommen, wenn er an der Reihe ist?
Die Schüler können die Bewegungen darstellen, indem sie Spielmarken oder Bausteine an die immer neue Position rücken.

Unterrichtsbeispiele

Situationen darstellen oder Gegenstände verwenden

Beispiel 1

2 Erwachsene und 2 Kinder wurden auf einer Insel in einem Fluss zurückgelassen.
Sie müssen den breiten Fluss überqueren, um in Sicherheit zu kommen, haben aber nur 1 Kanu. Das Kanu kann entweder 1 Erwachsenen oder maximal 2 Kinder transportieren. Wie können sie sicher das Ufer erreichen?

Die Aufgabe verstehen

Was ist bekannt?

Es steht 1 Kanu zur Verfügung.
Es kann entweder 1 Erwachsenen oder 2 Kinder transportieren.
Es handelt sich um 2 Erwachsene und 2 Kinder.

Was sollen wir herausfinden?

Frage: Wie können sie die Insel sicher verlassen? Wie viele Fahrten sind notwendig?

Lösungswege planen und erläutern

Was wir getan haben

Die Schüler kennzeichnen je 1 Baustein für jedes Mitglied der Familie: E für jeden Erwachsenen und K für jedes Kind. Zeigen Sie den Schülern, wie sie jeden Lösungsschritt aufschreiben sollen (siehe unten), damit keiner versehentlich zweimal erfolgt.
Die Schüler sollten drei Gebiete festlegen. Eins für die Insel, das andere für die Überquerung des Flusses und das dritte für das sichere Ufer.

auf der Insel		Flussüberquerung		am sicheren Ufer
EEKK				
EE	→	KK	→	KK
EEK	←	K	←	K
EK	→	E	→	EK
EKK	←	K	←	E
E	→	KK	→	EKK
EK	←	K	←	EK
K	→	E	→	EEK
KK	←	K	←	EE
	→	KK	→	EEKK

Überprüfen und verallgemeinern

Die Verwendung von Bausteinen, mit denen die Schüler die Bewegungen der Familienmitglieder nachvollziehen, macht es ihnen einfacher, die Aufgabe Schritt für Schritt zu lösen und zur richtigen Antwort zu kommen.

Ergänzung

Was wäre, wenn 5 Menschen auf der Insel gewesen wären, 3 Kinder und 2 Erwachsene? Was wäre, wenn 1 Kind und 1 Erwachsener zusammen ins Kanu passen? Wie würde das die Geschwindigkeit, mit der die Menschen die Insel verlassen, beeinflussen?

Beispiel 2

In diesem Beispiel können Spielmarken, Bausteine oder Schüler die handelnden Figuren symbolisieren.
Der Kater Blackie lag schlafend auf der mittleren Stufe der Treppe. Dann kam Kuja, der Hund, und setzte sich 3 Stufen über ihn. Zwischen dem Hund und der obersten Stufe lagen noch 2 Stufen. Wie viele Stufen hatte die Treppe insgesamt?

Die Aufgabe verstehen

Was ist bekannt?

Blackie lag auf der mittleren Treppenstufe.
Kuja saß 3 Stufen darüber.
Zwischen Kuja und der obersten Stufe lagen noch 2 Stufen.

Was sollen wir herausfinden?

Frage: Wie viele Stufen hatte die Treppe insgesamt?
Wie viele Stufen waren unterhalb von Blackie?

Lösungswege planen und erläutern

Was wir getan haben

Zeichnen Sie eine Treppe oder bauen Sie eine aus Bausteinen. Markieren Sie Blackies Position in der Treppenmitte mithilfe einer Spielmarke.
Legen Sie eine Spielmarke, die Kuja darstellt, 3 Stufen oberhalb von Blackies Spielmarke hin. Lassen Sie 2 Stufen frei, die dritte Stufe ist dann die oberste. Zählen Sie zusammen mit den Schülern die Stufen oberhalb von Blackie und addieren Sie dieselbe Zahl unterhalb von Blackies Position. 6 Stufen befinden sich oberhalb, 6 unterhalb, es sind insgesamt also 13 Stufen.
Die Schüler können die Situation auch auf einer realen Treppe nachspielen.

Überprüfen und verallgemeinern

Das Problem ist viel einfacher zu lösen, wenn Stufen gebaut oder gezeichnet werden. Dann geht es nur noch darum, die Stufen oberhalb von Blackie zu zählen, dieselbe Zahl unterhalb zu addieren und die Stufe hinzuzuzählen, auf der Blackie liegt. Die Antwort ist konkret und genau.

Ergänzung

Weitere Tiere können einbezogen oder die Tiere an anderer Stelle auf der Treppe platziert werden. Was wäre z. B., wenn Blackies Schwester Poppy sich 3 Stufen oberhalb von Kuja hinsetzen und dann zur zweiten Stufe von unten laufen würde? Wie viele Stufen unterhalb von Blackie würde sie sitzen? Wie viele Stufen hat sie zurückgelegt, als sie ihre Position veränderte?

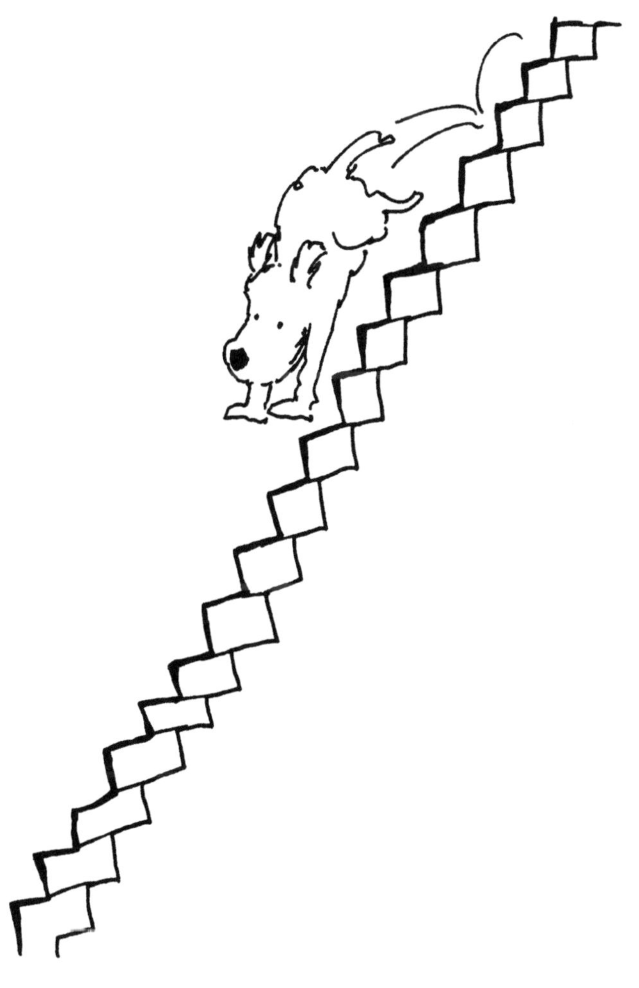

Unterrichtsbeispiele

Situationen darstellen oder Gegenstände verwenden

Beispiel 3

Eine Klasse hat 32 Schüler. Die Schüler stehen im Kreis und beginnen von eins aus durchzuzählen, wobei jeder Schüler eine Zahl sagt. Alle Schüler, die eine gerade Zahl nennen, setzen sich hin. Nachdem sie die erste Runde durchgezählt haben, beginnen die stehen gebliebenen Schüler erneut durchzuzählen, wobei sie bei 33 anfangen. Wiederum setzen sich alle Schüler mit gerader Zahl. Wie viele Schüler stehen nach der zweiten Zählrunde noch?

Die Aufgabe verstehen

Was ist bekannt?

Es sind 32 Schüler und jeder nennt eine Zahl. Wenn ein Schüler eine gerade Zahl sagt, setzt er sich hin. Es werden 2 Runden gezählt.

Was sollen wir herausfinden?

Frage: Wie viele Schüler stehen nach der zweiten Zählrunde noch?

Lösungswege planen und erläutern

Die Schüler überlegen sich, wie sie die Klasse darstellen können. Sie können die ganze Klasse dazu auffordern, die Situation durchzuspielen. Wenn sie alleine oder in Zweiergruppen arbeiten, können Zahlen oder Bausteine die Klasse repräsentieren.
Wird eine gerade Zahl genannt, sollten sich die betroffenen Schüler setzen bzw. werden die entsprechenden Zahlen durchgestrichen oder Bausteine entfernt. Nach der zweiten Runde wird gezählt, wie viele Schüler noch stehen. Ergebnis: 8 Schüler stehen zum Schluss noch. Nach 2 Zählrunden verbleibt die Hälfte der Hälfte, also ein Viertel.

Überprüfen und verallgemeinern

Die Situation ist nur schwer vorstellbar, weil sich die Bedingungen ändern. Die Lösung lässt sich aber leicht ermitteln, wenn die Schüler zeichnen, mit Bausteinen arbeiten oder die Aufgabe selbst nachspielen.

Ergänzung

Mithilfe dieses Lösungsansatzes kann man Zahlentabellen, Quadratzahlen und Potenzen überprüfen.

Strategie

Situationen darstellen oder Gegenstände verwenden

★ Die Aufgabe verstehen

Was ist bekannt? ....

....

Was musst du herausfinden? ....
Welche Fragen hast du?
Worüber bist du dir unsicher? ....
Was verstehst du nicht? ....

★ Lösungswege planen und erläutern

Welchen Lösungsweg willst du versuchen? Bewegst du dich von einer Position zu einer anderen? Willst du Geld wechseln? Versuchst du, bestimmte Mengen abzumessen, ohne die passenden Behälter zu haben? Verwendest du Strichlisten oder Objekte, die für Dinge stehen, oder spielen Menschen die Situation nach? Beschreibe dein Vorgehen mathematisch.

★ Überprüfen und verallgemeinern

Wie genau ist deine Antwort? Wie kann dieser Lösungsweg auf andere Fragestellungen übertragen werden? Hättest du eine effektivere Methode anwenden können? Welche Technik war nützlich?

....

....

★ Ergänzen

Wie kann die Aufgabe erweitert werden? Welche Faktoren könnten als Teil einer „Was wäre, wenn?"-Frage ergänzt werden?

....
....
....
....

AUFGABENKARTEN

Situationen darstellen oder Gegenstände verwenden

Aufgabe 1 Raum Level 1

5 Bausteine sind mit den Buchstaben H, I, J, K und L markiert. Der Baustein H ist unmittelbar rechts vom Baustein I, der Baustein J liegt rechts vom Baustein K. Das I befindet sich zwischen L und K. Das L ist unmittelbar links neben I. Wo befindet sich K?

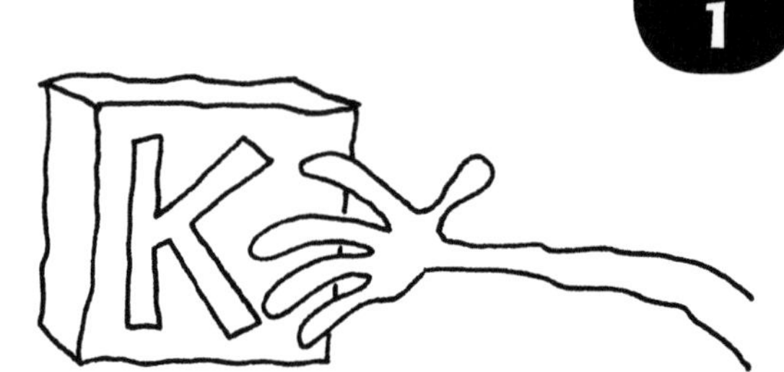

Aufgabe 2 Raum Level 1

Verteile 14 Bausteine auf 3 Haufen. Im ersten Haufen soll 1 Baustein weniger liegen als im dritten. Im dritten Haufen sollen doppelt so viele Bausteine liegen wie im zweiten. Wie viele Bausteine umfasst jeder Haufen?

Aufgabe 3 Raum Level 1

4 Schüler haben ihre Körpergröße gemessen. Carola ist größer als Emma, aber nicht so groß wie Robin. Julia ist größer als Robin. Schreibe die Namen in der Reihenfolge der Körpergröße vom kleinsten zum größten Schüler auf.

Aufgabe 4 Messen

Level 1

Georg hat eine 1-Liter-Flasche Limonade. Er gießt die Hälfte der Limonade in einen Krug und gibt die Flasche an Jenny weiter. Jenny gießt die Hälfte dessen, was sich noch in der Flasche befindet, in 2 große Gläser. Dann gibt sie die Limonadenflasche an Jonas weiter. Jonas gießt die Hälfte des Flascheninhalts in eine Plastiktasse. Wie viel Limonade befindet sich noch in der Flasche?

Aufgabe 5 Zählen 1 2 3

Level 1

Zu einer Party sind 12 Gäste eingeladen. Jeder Gast schüttelt jedem anderen Gast die Hand. Wie viele Händedrücke waren das?

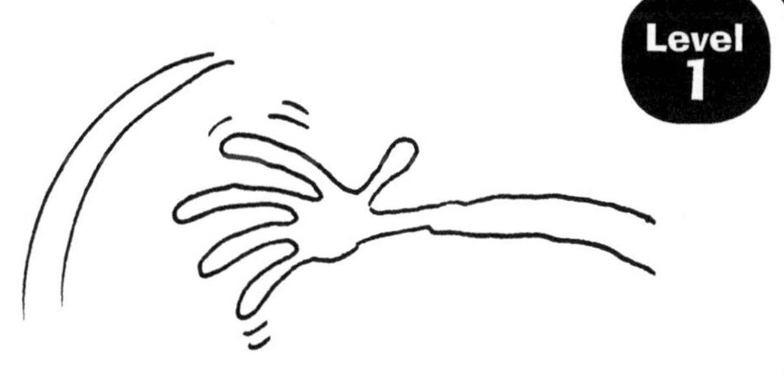

Aufgabe 6 Zählen 1 2 3

Level 1

29 Schüler warten in einer Reihe, um ein Spiel zu spielen. Die Lehrerin wählt die erste Person in der Reihe aus und dann jede vierte. Wie viele Schüler werden ausgewählt?

AUFGABENKARTEN

Situationen darstellen oder Gegenstände verwenden

Aufgabe 7 Raum — Level 2

Frau Peters hat 4 Quadrate aus gelber Pappe. Sie bittet ihre Schüler, diese Pappstücke alle aneinanderzulegen. Jedes Quadrat soll mindestens an einer Seite an einem anderen Quadrat liegen. Wie viele verschiedene Formen kann man anordnen?

Aufgabe 8 Raum — Level 2

5 Schüler sitzen in einer Stuhlreihe. Jennifer sitzt neben Alina, aber nicht neben Lisa. Stefan sitzt auf dem zweiten Platz von links. Alina sitzt zwischen (aber nicht unbedingt direkt neben) David und Lisa. Stefan sitzt neben David. Wer sitzt auf dem mittleren Platz?

Aufgabe 9 Messen — Level 2

Die Schüler müssen genau 7 Liter Wasser in eine Tonne füllen. Es gibt nur 5-Liter- und 3-Liter-Gefäße. Wie können die Schüler die 7 Liter genau abmessen?

AUFGABENKARTEN

Situationen darstellen oder Gegenstände verwenden

Aufgabe 10 Zählen 123 Level 2

Jedes Mal, wenn ein Schüler etwas Nützliches getan hatte, legte Frau Taubert 1 Bonbon von Behälter B in Behälter A. Machte ein Schüler Quatsch, tat sie das Gegenteil.
In Behälter A befanden sich mehr Bonbons als in Behälter B. Frau Taubert nahm 3 Bonbons aus Behälter A und legte sie in Behälter B. Dann legte sie 2 Bonbons von Behälter B in Behälter A. Anschließend befanden sich in jedem der beiden Behälter 8 Bonbons. Wie viele Bonbons befanden sich anfangs in jedem Behälter?

Aufgabe 11 Zählen 123 Level 2

Stell dir vor, du hast ein Spiel für 15 Euro gekauft und es später für 20 Euro weiterverkauft, da du nicht mehr damit gespielt hast. Dann hast du es für 25 Euro zurückgekauft, weil deine Schwester es haben wollte. Schließlich wurde ihr das Spiel langweilig und du hast es für 30 Euro verkauft. Wie viel Geld hast du gewonnen oder verloren?

Aufgabe 12 Raum

3 Kinder gehen eine 15-stufige Feuertreppe hinunter. Lisa nimmt jeweils 1 Stufe und setzt ihren linken Fuß auf die erste Stufe. Alex hat es eilig und nimmt 2 Stufen auf einmal, wobei er mit dem rechten Fuß auf der zweiten Stufe beginnt. Paul hat es noch eiliger und nimmt 3 Stufen auf einmal, indem er auf der dritten Stufe mit seinem linken Fuß beginnt.

Welche Stufe ist die erste, auf die alle treten?
Stehen alle Kinder mit dem linken Fuß auf derselben Stufe?

AUFGABENKARTEN

Situationen darstellen oder Gegenstände verwenden

Aufgabe 13 

Level 3

Eine Großfamilie wurde vom Hochwasser auf eine Insel verschlagen.
4 Erwachsene und 2 Kinder müssen mit einem schmalen Ruderboot die Insel verlassen. Das Boot kann jeweils 2 Kinder oder 1 Erwachsenen tragen. Wie oft muss das Boot fahren, bis alle in Sicherheit sind?

Aufgabe 14 Messen

Level 3

Eine Frau möchte für ihre Familie genau 4 Liter Wasser aus dem Brunnen holen. Sie hat nur 2 Behälter zur Verfügung, einen 5-Liter-Behälter und einen 7-Liter-Behälter. Wie kann sie genau 4 Liter abmessen?

Aufgabe 15 Zählen 123

Level 3

Im Kino befindet sich in jeder Reihe die gleiche Anzahl Sitze. Der Platz von Frau Abendrot liegt in der dritten Reihe von vorne und in der achtzehnten Reihe von hinten. Links neben dem Platz von Frau Dobner befinden sich 8 Sessel und rechts davon 11. Wie viele Sitzplätze hat das Kino insgesamt?

Lösungen Situationen darstellen oder Gegenstände verwenden

Aufgabe 1

K ist der zweite Baustein von rechts.

L	I	H	K	J

Aufgabe 2

Der erste Haufen besteht aus 5 Steinen, der zweite aus 3 und der dritte aus 6.

Aufgabe 3

Die Reihenfolge vom kleinsten zum größten Schüler ist Emma, Carola, Robin, Julia.

Aufgabe 4

Es sind noch 125 ml im Glas.

Aufgabe 5

Es wurden 66-mal die Hände geschüttelt.
Der erste Gast schüttelte 11 Hände, der zweite musste nur noch 10 Hände schütteln, da er dem ersten ja schon die Hand geschüttelt hatte.
Der dritte schüttelte 9 Hände usw.
Daraus ergibt sich:
$11 + 10 + 9 + 8 + 7 + 6 + 5 + 4 + 3 + 2 + 1 = 66$

Aufgabe 6

Es werden 8 Schüler ausgewählt.

Aufgabe 7

Es gibt 5 verschiedene Möglichkeiten, die 4 gelben Pappstücke miteinander zu verbinden.

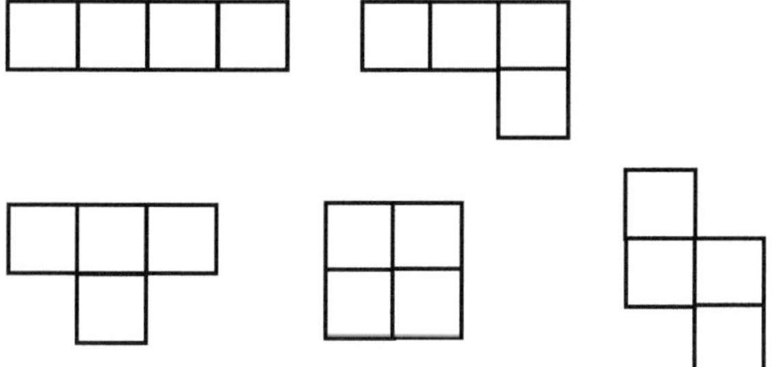

Aufgabe 8

Jennifer sitzt auf dem mittleren Platz.

David, Stefan, Jennifer, Alina, Lisa

Aufgabe 9

Die Schüler füllen zuerst den 5-Liter-Behälter mit Wasser. Dann schütten sie drei der 5 Liter in den 3-Liter-Behälter. Im 5-Liter-Behälter bleiben genau 2 Liter übrig. Diese 2 Liter gießen die Schüler in die Tonne. Anschließend füllen sie den 5-Liter-Behälter noch einmal und füllen den Inhalt in die Tonne um. Dann befinden sich genau 7 Liter in der Tonne.

Aufgabe 10

In Behälter A befanden sich zu Anfang 9 Bonbons, in Behälter B befanden sich 7.

Aufgabe 11

Du hast 10 Euro Gewinn gemacht.

Kauf	Verkauf	Gewinn	Verlust
15 €			– 15 €
	20 €	+ 5 €	
25 €			– 20 €
	30 €	+ 10 €	

Aufgabe 12

Sie treten alle mit dem rechten Fuß auf die sechste Stufe.
Nein, sie stehen nicht alle mit dem linken Fuß auf derselben Stufe.

Stufe	Lisa	Alex	Paul
1	L		
2	R	R	
3	L		L
4	R	L	
5	L		
6	R	R	R
7	L		
8	R	L	
9	L		L
10	R	R	
11	L		
12	R	L	R
13	L		
14	R	R	
15	L		L

Lösungen Situationen darstellen oder Gegenstände verwenden

Aufgabe 13

Es sind 17 Fahrten notwendig, um die Familie von der Insel zu retten.

Auf der Insel (E1 E2 E3 E4 KK)		Überfahrt		in Sicherheit
E1 E2 E3 E4	→	KK	→	KK
E1 E2 E3 E4 K	←	K	←	K
E1 E2 E3 K	→	E4	→	E4 K
E1 E2 E3 KK	←	K	←	E4
E1 E2 E3	→	KK	→	E4 KK
E1 E2 E3 K	←	K	←	E4 K
E1 E2 K	→	E3	→	E3 E4 K
E1 E2 KK	←	K	←	E3 E4
E1 E2	→	KK	→	E3 E4 KK
E1 E2 K	←	K	←	E3 E4 K
E1 K	→	E2	→	E2 E3 E4 K
E1 KK	←	K	←	E2 E3 E4
E1	→	KK	→	E2 E3 E4 KK
E1 K	←	K	←	E2 E3 E4 K
K	→	E1	→	E1 E2 E3 E4 K
KK	←	K	←	E1 E2 E3 E4
	→	KK	→	E1 E2 E3 E4 KK

Aufgabe 14

Die Frau füllt den 7-Liter-Kanister mit Wasser. 5 Liter davon füllt sie in den 5-Liter-Kanister um. Im 7-Liter-Kanister bleiben 2 Liter übrig. Sie leert den 5-Liter-Kanister aus und schüttet die 2 Liter aus dem 7-Liter-Kanister hinein. Anschließend füllt sie den 7-Liter-Kanister wieder und füllt das Wasser in den 5-Liter-Kanister um, in dem sich immer noch 2 Liter Wasser befinden, bis dieser voll ist. Im 7-Liter-Kanister bleiben dann genau 4 Liter übrig.

Aufgabe 15

Das Kino hat 400 Sitzplätze (20 von links nach rechts und 20 von vorne nach hinten).

Vorne 1 2 [3] 4 5 6 7 8 9 10 11 12 13 14 15 16 17 18 19 20 Hinten
Frau Abendrot

Linke Seite 1 2 3 4 5 6 7 8 [ ] 1 2 3 4 5 6 7 8 9 10 11 Rechte Seite
Frau Dobner

STRATEGIE

Vermutungen anstellen und überprüfen

STRATEGIE

STRATEGIE

STRATEGIE

Unterrichtshinweise Vermutungen anstellen und überprüfen

„Vermutungen anzustellen und dann zu überprüfen“ ist eine sehr nützliche, aber oft unterschätzte Strategie, Aufgaben zu lösen. Sie erfordert, dass die Schüler mit einer begründeten Annahme beginnen und nicht blindlings raten. Die Grundannahme sollte alle wichtigen Aspekte der konkreten Aufgabe in Betracht ziehen. Anschließend überprüfen die Schüler ihre Vermutung anhand der Aufgabenstellung. Wenn das Ergebnis nicht stimmt, verändern sie ihre Vermutung nach oben oder unten. Dieses Vorgehen wird so lange wiederholt, bis eine Lösung gefunden ist.
Wenn Schüler diese Methode verwenden, ist es entscheidend, dass sie zunächst alle wichtigen Fakten notieren. Das stellt sicher, dass ihre Annahme begründet und nicht einfach blind geraten ist.
Helfen Sie Ihren Schülern, wenn diese mit völlig unrealistischen Zahlen beginnen. Die Schüler müssen zunächst lernen, wie sie zu einer vernünftigen Grundannahme kommen, von der sie ausgehen können. Sie lernen aber auch aus fehlerhaften Vermutungen.
Der beste Weg, mit den gesammelten Informationen umzugehen, wenn man die Methode „Vermutungen anstellen und überprüfen“ anwendet, ist es, eine Tabelle anzulegen. Das stellt sicher, dass alle Annahmen und deren Ergebnisse systematisch notiert werden.
Sie können mit dieser Methode Schüler ermutigen, die beim Lösen von Aufgaben unsicher sind. Diese Strategie ist auch nützlich, wenn Schüler nur begrenzte Erfahrungen beim Aufgabenlösen haben oder wenn sie sich mit Fragestellungen befassen, die nur wenig mit den bisher gelösten Aufgaben zu tun haben.
Die folgenden Schritte sind wichtig, wenn Aufgaben mittels Vermutungen gelöst werden sollen:

Die wichtigen Fakten notieren

Wie bereits erwähnt, sollten Schüler damit beginnen, sorgfältig die Fragestellung zu analysieren und zu notieren, was genau von ihnen verlangt wird.
Betrachten Sie beispielsweise diese Frage:

Alina ist 5 Jahre älter als Paul. Wenn man ihr Alter addiert, erhält man 25. Wie alt sind die beiden?

Die Schüler sollten als erstes die wichtigen Informationen notieren, die ihnen gegeben werden. In diesem Fall sind das:
Alina ist 5 Jahre älter als Paul.
Zusammen sind die beiden 25 Jahre alt.

Sie sollen herausfinden, wie alt Alina und Paul jeweils sind.

Einen Ansatz finden

Die Schüler sollten jetzt eine erste Vermutung anstellen und überlegen, ob diese stimmen kann. In unserem Beispiel wäre es nicht sinnvoll zu vermuten, dass Alina oder Paul älter als 25 sind, da dies die Gesamtsumme ist. Nehmen wir an, die Schüler vermuten, Alina sei 12 und Paul 7.
Die beste Möglichkeit, die Annahmen und die zugehörigen Ergebnisse systematisch zu verfolgen, ist eine Tabelle.

Eine Tabelle erstellen

Wenn die Schüler die Tabelle erstellen, müssen sie Bezug auf die wichtigen Faktoren der konkreten Aufgabenstellung nehmen. In unserem Beispiel sollte die Tabelle 4 Spalten enthalten: Vermutung, Alinas Alter, Pauls Alter, Summe (= Alinas plus Pauls Alter).

Vermutung	Alinas Alter	Pauls Alter	Summe

Die Vermutung überprüfen

Die Schüler sollen nun ihre Vermutung überprüfen. Wenn Alina 12 ist und Paul 7, dann ist ihr Gesamtalter 19. Da sie zusammen 25 Jahre alt sein sollen, liegt diese Vermutung zu niedrig. Die Schüler müssen ihre Annahme dahingehend revidieren, dass sich ein höheres Gesamtalter ergibt.

Vermutung	Alinas Alter	Pauls Alter	Summe
1	12	7	19 (zu niedrig)

Nehmen wir an, die Schüler gehen nun davon aus, dass Alina 18 und Paul 13 ist.
Die Summe ist nun zu hoch. Die Vermutung muss so geändert werden, dass sich eine niedrigere Summe ergibt. Wenn die Schüler jetzt vermuten, dass Alina 15 und Paul 10 ist, werden sie feststellen, dass sie das Problem gelöst haben.

Vermutung	Alinas Alter	Pauls Alter	Summe
1	12	7	19
2	18	13	31 (zu hoch)

Da die Ergebnisse in der Tabelle festgehalten wurden, können die Schüler genau sehen, welche Annahmen sie gemacht haben und wie nahe diese sie einer Lösung des Problems gebracht haben.

Vermutung	Alinas Alter	Pauls Alter	Summe
1	12	7	19
2	18	13	31
3	15	10	25 (richtig)

Unterrichtsbeispiele

Vermutungen anstellen und überprüfen

Beispiel 1

Innerhalb von 5 Tagen hat Jenny 45 Sticker gesammelt. Jeden Tag bekam sie 3 Sticker mehr als am vorherigen. Wie viele Sticker bekam sie an jedem der 5 Tage?

Die Aufgabe verstehen

Was ist bekannt?

Insgesamt sind es 45 Sticker.
Die Sticker wurden innerhalb von 5 Tagen gesammelt.
Jeden Tag gab es 3 Sticker mehr als am vorherigen.

Was sollen wir herausfinden?

Wie viele Sticker bekam Jenny jeden Tag?

Lösungswege planen und erläutern

Geben Sie Ihren Schülern einen Tipp, wenn sie einen Ausgangspunkt suchen. Es könnte zum Beispiel sinnvoll sein, mit 5 Stickern zu beginnen. Wenn immer aufsummiert wird, ist leicht zu klären, wann die Zahl 45 erreicht oder überschritten ist.

Zeichnen Sie eine Tabelle mit 3 Reihen und 5 Spalten.

Tag	1	2	3	4	5
Zahl der Sticker	5	8	11	14	17
Sticker insgesamt	5	13	24	38	55

Vermutung 1 führt zu einem zu hohen Ergebnis. Versuchen wir es jetzt mit einer geringeren Anzahl Sticker.

Vermutung 2

Tag	1	2	3	4	5
Zahl der Sticker	2	5	8	11	14
Sticker insgesamt	2	7	15	26	40

Die Gesamtzahl nach 5 Tagen ist zu niedrig, daher gehen wir nun von einer höheren Zahl aus.

Vermutung 3

Tag	1	2	3	4	5
Zahl der Sticker	3	6	9	12	15
Sticker insgesamt	3	9	18	30	45

Vermutung 3 ist richtig. Jenny bekommt am ersten Tag 3 Sticker, am zweiten Tag 6, am dritten Tag 9, am vierten Tag 12 und am fünften Tag 15.

Überprüfen und verallgemeinern

Diskutieren Sie mit den Schülern verwandte Probleme. Hätte die Aufgabe auch anders gelöst werden können? Lässt sich diese Methode auf ähnliche Fragestellungen anwenden?

Ergänzung

Jenny könnte jeden Tag die doppelte Zahl Sticker bekommen oder sie könnte länger als 5 Tage sammeln. Auch die Gesamtzahl der Sticker kann verändert werden.

Unterrichtsbeispiele Vermutungen anstellen und überprüfen

Beispiel 2

Eine Familie begibt sich auf eine 5-tägige Fahrt. Jeden Tag fährt sie 50 km weniger als am Tag zuvor. Insgesamt fährt sie genau 1500 km. Wie weit ist die Familie jeden Tag gefahren?

Die Aufgabe verstehen

Was ist bekannt?

Die Familie fährt an 5 Tagen.
Jeden Tag fährt sie 50 km weniger als am vorhergehenden Tag.
Insgesamt legt die Familie 1500 km zurück.

Was sollen wir herausfinden?

Frage: Wie weit fährt die Familie jeden Tag?

Lösungswege planen und erläutern

Beginnen sie damit, die Entfernung, die am ersten Tag zurückgelegt wird, zu schätzen. Wenn die Schüler Hilfe brauchen, könnten Sie vorschlagen, mit 500 km zu beginnen.

Zeichnen Sie eine Tabelle mit drei Spalten und fünf Zeilen.

Annahme 1

Tag	Entfernung in km	Gesamtentfernung in km
1	500	500
2	450	950
3	400	1350
4	350	1700
5		

Die zurückgelegte Gesamtentfernung liegt am dritten Tag noch unter 1500 km, am vierten Tag aber darüber.

Beim zweiten Versuch beginnen Sie mit einer geringeren Zahl, beispielsweise 350 km:

Tag	Entfernung in km	Gesamtentfernung in km
1	350	350
2	300	650
3	250	900
4	200	1199
5	150	1250

Wenn man mit einer am ersten Tag zurückgelegten Entfernung von 350 km beginnt, ist die Familie am fünften Tag nicht weit genug gereist.

Annahme 3 liegt zwischen den bisherigen Annahmen, zum Beispiel bei 400 km:

Tag	Entfernung in km	Gesamtentfernung in km
1	400	700
2	350	750
3	300	1050
4	250	1300
5	200	1500

Diese Vermutung führt zur richtigen Antwort. Am ersten Tag fährt die Familie 400 km, am zweiten Tag 350 km, am dritten Tag 300 km, am vierten Tag 250 km und am letzten Tag legt sie noch 200 km zurück.

Überprüfen und verallgemeinern

Durch Vermutungen und deren Überprüfung wurde die Aufgabe gelöst. Diese Strategie lässt sich auch auf Fragen anwenden, bei denen sich ein Faktor um denselben Betrag nach oben oder unten ändert.

Ergänzung

Um diese Art Fragestellung zu erweitern, können verschiedene Faktoren variiert werden, z. B. die zurückgelegte Gesamtentfernung, die Dauer der Reise, die Art und Weise, wie sich die täglich zurückgelegte Entfernung ändert.

Beispiel 3

Ordne die Zahlen von 1 bis 6 so in einem Dreieck an, dass die Zahlen auf jeder Dreiecksseite zusammen 10 ergeben.

Die Aufgabe verstehen

Was ist bekannt?

Die Zahlen 1 bis 6 müssen benutzt werden.
Die Zahlen auf jeder Seite des Dreiecks müssen zusammen 10 ergeben.

Was sollen wir herausfinden?

Frage: Wie ordnen wir die Zahlen an?

Lösungswege planen und erläutern

Die Schüler könnten damit beginnen, eine Zahl zwischen 1 und 6 auszuwählen, die sie an die Spitze des Dreiecks setzen. Dann können sie damit experimentieren, die anderen Zahlen einzufügen. Lassen sich Seiten zusammenstellen, die addiert 10 ergeben?

Annahme 1
Beginnen wir mit der Zahl 6 an der Spitze des Dreiecks.
Das hier ist nur ein Beispiel, wie das Dreieck vervollständigt werden könnte:

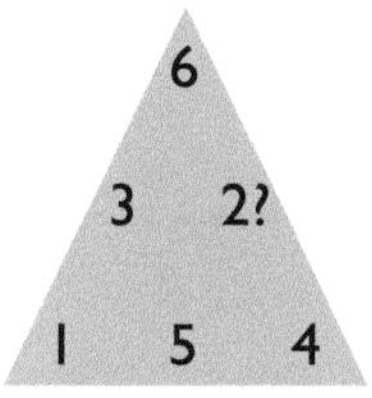

Die Schüler werden herausfinden, dass es mit der 6 an der Spitze des Dreiecks keine Lösung gibt.

Annahme 2
Diesmal beginnen wir mit der 4 an der Spitze des Dreiecks.
Hier ist ein Beispiel, wie das vervollständigte Dreieck aussehen könnte:

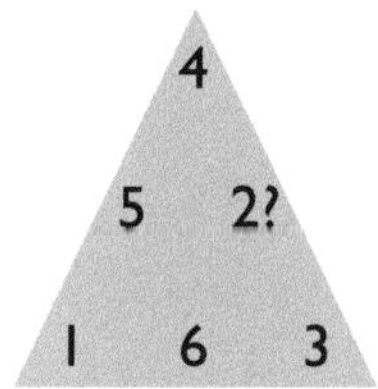

Die Schüler werden feststellen, dass es nicht möglich ist, mit der 4 an der Spitze ein Dreieck zu konstruieren, dessen Seiten addiert 10 ergeben.

Annahme 3

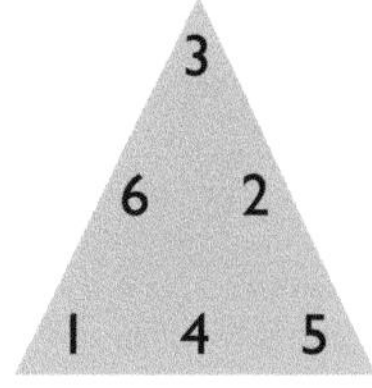

Versuchen wir es diesmal mit der 3 an der Spitze des Dreiecks. Die Zeichnung stellt wieder nur eine Möglichkeit dar.

Dieses Dreieck ist eine richtige Lösung für das Problem. Alle Seiten ergeben zusammen 10.

Die möglichen Lösungen sind:

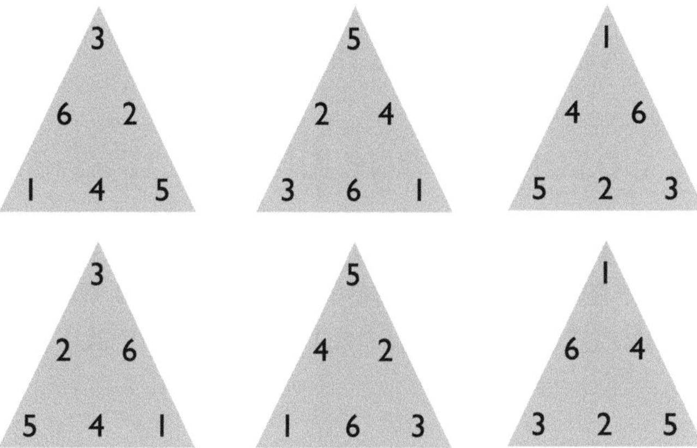

In jedem Fall müssen 1, 3 und 5 an den Ecken stehen.

Überprüfen und verallgemeinern

Dieser Ansatz kann auf verschiedene aufeinanderfolgende Zahlen und auf verschiedene Dreiecksseitensummen angewandt werden.

Ergänzung

Die Schüler können die Aufgabe für die Zahlen 4 bis 9 lösen, wobei die Summe der Dreiecksseiten jeweils 18 beträgt.

Strategie

Vermutungen anstellen und überprüfen

★ Die Aufgabe verstehen

Was ist bekannt? ....

....

Was musst du herausfinden? ....
Welche Fragen hast du?
Worüber bist du dir unsicher? ....
Was verstehst du nicht? ....

★ Lösungswege planen und erläutern

Ist deine Annahme vernünftig? Wenn nicht, solltest du mit einer höheren oder mit einer niedrigeren Zahl beginnen? Arbeitest du systematisch und schließt alle falschen Kriterien aus?

....

....

....

....

★ Überprüfen und verallgemeinern

Wie genau ist deine Antwort? Wie kann dieser Lösungsweg auf andere Fragestellungen übertragen werden? Hättest du eine effektivere Methode anwenden können?

....

....

....

....

....

....

....

★ Ergänzen

Wie kann die Aufgabe erweitert werden? Welche Faktoren könnten als Teil einer „Was wäre, wenn?"-Frage ergänzt werden?

....

....

....

....

....

AUFGABENKARTEN

Vermutungen anstellen und überprüfen

Aufgabe 1 | Zählen 123 | Level 1

40 Schüler fahren ins Schullandheim. Es sind 12 Jungen mehr als Mädchen. Wie viele Mädchen fahren mit?

Aufgabe 2 | Zählen 123 | Level 1

Im örtlichen Freibad kann man für 1 Euro ein Handtuch leihen und für 0,60 Euro einen Liegestuhl mieten. Rebecca hat insgesamt 5,80 Euro ausgegeben. Wie viele Handtücher und wie viele Stühle hat sie gemietet?

Aufgabe 3 | Zählen 123 | Level 1

Bei einem Zoobesuch zählt eine Gruppe von Kindern die Köpfe und Beine der Spinnen und Eidechsen in einem der Glaskäfige. Sie kommen auf insgesamt 10 Köpfe und 60 Beine. Wie viele Spinnen und Eidechsen sind es?

AUFGABENKARTEN

Vermutungen anstellen und überprüfen

Aufgabe 4 | Zählen 1 2 3 | Level 1

Jasmin hat einen Hot Dog und einen Becher Orangensaft für zusammen 2,85 Euro gekauft. Der Hot Dog kostete das Doppelte des Orangensafts. Was hat wie viel gekostet?

Aufgabe 5 | Zählen 1 2 3 | Level 1

Robin kauft Konzertkarten für 8 Freunde. Er hat 50 Euro. Plätze der Kategorie A kosten 7 Euro, Plätze der Kategorie B 5 Euro. Wenn er Karten für beide Kategorien wählt und insgesamt 50 Euro ausgibt, wie viele Karten kann er dann jeweils kaufen?

Aufgabe 6 | Zählen 1 2 3 | Level 1

Vervollständige das Dreieck. Ordne die Zahlen von 1 bis 6 so an, dass die Summe jeder Seite 12 ergibt.

AUFGABENKARTEN

Vermutungen anstellen und überprüfen

Aufgabe 7 | Zählen 1 2 3 | Level 2

Die Westerschule hat 757 Schüler. Es sind 37 Mädchen mehr als Jungen. Wie viele Jungen besuchen die Schule?

Aufgabe 8 | Zählen 1 2 3 | Level 2

Finde mindestens 3 verschiedene Wege, 101 zu erhalten, indem du 4 der folgenden Zahlen addierst: 50, 30, 27, 25, 20, 19, 16, 15, 7.

Aufgabe 9 | Zählen 1 2 3 | Level 2

Lisa hält Wellensittiche und Mäuse als Haustiere. Sie hat insgesamt 11 Tiere mit zusammen 36 Beinen. Wie viele Mäuse hat Lisa?

Aufgabe 10 Zählen 1 2 3 **Level 2**

Annette hat 56 Bücher in ihrem Regal. Es sind entweder Abenteuergeschichten oder Biografien. Sie hat 14 Abenteuerbücher mehr als Biografien. Wie viele Bücher von jeder Art stehen im Regal?

Aufgabe 11 Zählen 1 2 3 **Level 2**

Finde 3 aufeinanderfolgende Zahlen, die zusammen 66 ergeben.

Aufgabe 12 Zählen 1 2 3 **Level 2**

Marie ist doppelt so alt wie Vanessa. Ben ist 5 Jahre älter als Vanessa. Zusammen sind die drei 41 Jahre alt. Wie alt ist jeder?

AUFGABENKARTEN

Vermutungen anstellen und überprüfen

Aufgabe 13 | Zählen 1 2 3 | Level 2

In einem Basketballspiel haben Daniel, Felix und Philipp zusammen 20 Treffer erzielt. Daniel erzielte die geringste Zahl an Treffern, Philipp die höchste. Das Doppelte von Daniels Trefferzahl lag zwischen der Trefferzahl von Felix und Philipp. Wie viele Treffer hat Daniel erzielt?

Aufgabe 14 | Zählen 1 2 3 | Level 3

Drei Schwestern legen ihr Geld zusammen, um ein Geschenk für ihre Eltern zu kaufen. Michaela, Laura und Hanna haben zusammen 20 Euro gespart. Michaela hat 3 Euro mehr gespart als Laura und Laura 4 Euro mehr als Hanna. Wie viele Euro hat jedes der drei Mädchen gespart?

Aufgabe 15 | Zählen 1 2 3 | Level 3

Eine Tischlerin fertigt für eine Möbelmesse 3-beinige Hocker und 4-beinige Stühle an. Sie hat insgesamt 30 Möbelstücke angefertigt. Insgesamt zählt sie 104 Beine (ihre eigenen nicht mitgerechnet). Wie viele Stühle und Hocker sind es jeweils?

AUFGABENKARTEN

Vermutungen anstellen und überprüfen

Aufgabe 16 | Zählen 1 2 3 | Level 3

Jan hat innerhalb von 5 Tagen 50 Muscheln gesammelt. Jeden Tag hat er 3 mehr gefunden als am Tag zuvor. Wie viele Muscheln waren es pro Tag?

Aufgabe 17 | Zählen 1 2 3 | Level 3

In einem Regal im Supermarkt stehen insgesamt 95 Dosen mit Früchten. Es gibt Dosen mit Mangos, Pfirsichen und Ananas. Es sind 8 Mangodosen mehr als Pfirsichdosen, aber 3 Pfirsichdosen mehr als Dosen mit Ananas. Wie viele Dosen mit Mango, Pfirsich und Ananas sind es jeweils?

Aufgabe 18 | Zählen 1 2 3 | Level 3

Frau Meyer hat auf dem Markt 48 Tiere verkauft. Für jedes Schwein bekam sie 20 Euro, für jedes Huhn 5 Euro und für jedes Schaf 10 Euro. Insgesamt nahm sie 505 Euro ein. Wie viele Schweine, Hühner und Schafe hat sie verkauft?

Lösungen Vermutungen anstellen und überprüfen

Aufgabe 1:

Musterlösung:

Annahme	Mädchen	Jungen	Gesamtzahl	
1	6	18	24	zu gering
2	12	34	36	zu gering
3	14	26	40	richtig

14 Mädchen fahren mit ins Schullandheim.

Aufgabe 2

Musterlösung:

Annahme	Handtücher (1 €)	Liegestuhl (0,60 €)	Insgesamt
1	2	2	3,20 € zu wenig
2	3	4	5,40 € zu wenig
3	4	3	5,80 € richtig

Rebecca mietete 4 Handtücher und 3 Liegestühle. (Auch die Lösung 1 Handtuch und 8 Liegestühle ist korrekt.)

Aufgabe 3

Da es insgesamt 10 Köpfe sind, müssen es 10 Tiere sein.

Musterlösung:

Annahme	Spinnen (8 Beine)	Eidechsen (4 Beine)	Gesamtzahl Köpfe	Gesamtzahl Beine	
1	1	9	10	44	zu wenig
2	3	7	10	52	zu wenig
3	5	5	10	60	richtig

5 Spinnen und 5 Eidechsen haben zusammen 10 Köpfe und 60 Beine

Aufgabe 4

Musterlösung:

Annahme	Orangensaft	Hot Dog	Summe	
1	1,00 €	2,00 €	3,00 €	zu viel
2	0,80 €	1,60 €	2,40 €	zu wenig
3	0,95 €	1,90 €	2,85 €	zu wenig

Der Orangensaft hat 0,95 € gekostet, der Hot Dog 1,90 €.

Aufgabe 5

Bitte beachten: Insgesamt müssen es 8 Karten sein.

Musterlösung:

Annahme	Karten zu 7 €	Karten zu 5 €	Summe	
1	3 (21 €)	5 (25 €)	46 €	zu wenig
2	6 (42 €)	2 (10 €)	52 €	zu viel
3	5 (35 €)	3 (15 €)	50 €	richtig

Robin kauft 5 Karten zu 7 € und 3 Karten zu 5 €.

Aufgabe 6

Mögliche Lösungen sind:

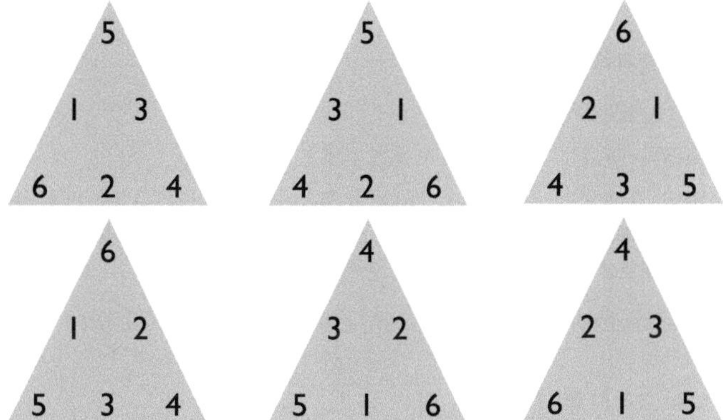

(In jedem Fall sind 4, 5 und 6 die Eckzahlen.)

Aufgabe 7

Musterlösung:

Annahme	Jungen	Mädchen	Gesamtzahl	
1	100	137	237	zu wenig
2	300	337	637	zu wenig
3	400	437	837	zu viel
4	350	387	737	zu wenig
5	360	397	757	richtig

Insgesamt besuchen 360 Jungen die Schule.

Aufgabe 8

1. 50 + 20 + 16 + 15 = 101
2. 50 + 25 + 19 + 7 = 101
3. 30 + 27 + 25 + 19 = 101

Aufgabe 9

Insgesamt müssen es 11 Tiere sein.

Musterlösung:

Annahme	Sittiche (2 Beine)	Mäuse (4 Beine)	Gesamtzahl Beine	
1	6	5	32	zu wenig
2	5	6	34	zu wenig
3	4	7	36	richtig

Lisa hat 7 Mäuse.

Lösungen Vermutungen anstellen und überprüfen

Aufgabe 10

Musterlösung:

Annahme	Biografien	Abenteuergeschichten	Gesamtzahl Bücher	
1	15	29	44	zu wenig
2	17	31	48	zu wenig
3	20	34	54	zu wenig
4	21	35	56	richtig

Annette hat 35 Abenteuergeschichten und 21 Biografien im Regal.

Aufgabe 11

Musterlösung:

Annahme 1: 10 + 11 + 12 = 33 zu wenig
Annahme 2: 20 + 21 + 22 = 63 immer noch zu wenig
Annahme 3: 25 + 26 + 27 = 78 zu viel
Annahme 4: 21 + 22 + 23 = 66 richtig

Die 3 aufeinanderfolgenden Zahlen sind 21, 22 und 23.

Aufgabe 12

Musterlösung:

Wir beginnen damit, Vanessas Alter zu schätzen.

Annahme	Vanessa	Marie	Ben	Summe	
1	5	10	10	25	zu niedrig
2	11	22	16	49	zu hoch
3	10	20	15	45	zu hoch
4	9	18	14	41	richtig

Vanessa ist 9, Marie ist 18 und Ben ist 14 Jahre alt.

Aufgabe 13

Musterlösung:

Annahme	Daniel	Felix	Philipp	Gesamtzahl	
1	2	3	5	10	zu wenig
2	3	5	7	15	zu wenig
3	4	7	9	20	richtig

Daniel hat 4 Treffer erzielt, Felix 7 und Philipp 9. (Alternativlösung: Daniel erzielte 4 Treffer, Felix 6 und Philipp 10.)

Aufgabe 14

Musterlösung:

Annahme	Michaela	Laura	Hanna	Gesamtsumme	
1	15€	12€	8€	35€	zu viel
2	8€	5€	1€	14€	zu wenig
3	10€	7€	3€	20€	richtig

Michaela hat 10€ gespart, Laura 7€ und Hanna 3€.

Aufgabe 15

Insgesamt handelt es sich um 30 Möbelstücke.

Musterlösung:

Annahme	Hocker (3 Beine)	Stühle (4 Beine)	Gesamtzahl Beine	
1	26	4	94	zu wenig
2	20	10	100	zu wenig
3	15	15	105	zu viel
4	16	14	104	richtig

Es sind 16 Hocker und 14 Stühle.

Aufgabe 16

Musterlösung:

Annahme	Tag 1	Tag 2	Tag 3	Tag 4	Tag 5	Gesamtzahl Muscheln	
1	5	8	11	14	17	55	zu viel
2	2	5	8	11	14	40	zu wenig
3	4	7	10	13	16	50	richtig

Am ersten Tag sammelte Jan 4 Muscheln, am zweiten 7, am dritten 10, am vierten 13 und am fünften Tag 16.

Aufgabe 17

Musterlösung:

Wir beginnen damit, die Zahl der Mango-Dosen abzuschätzen.

Annahme	Mangos	Pfirsiche	Ananas	Gesamtzahl Dosen	
1	26	18	15	59	zu wenig
2	40	32	29	101	zu viel
3	38	30	27	95	richtig

Es sind 38 Dosen Mangos, 30 Dosen Pfirsiche und 27 Dosen Ananas.

Aufgabe 18

Es müssen insgesamt 48 Tiere sein.

Musterlösung:

Annahme	Schweine (20 €)	Hühner (5 €)	Schafe (10 €)	Summe	
1	15 (300€)	15 (75€)	18 (180€)	555 €	zu viel
2	9 (180€)	30 (150€)	9 (90€)	420 €	zu wenig
3	12 (240€)	19 (95€)	17 (170€)	505 €	richtig

Frau Meyer verkaufte 12 Schweine, 19 Hühner und 17 Schafe.

STRATEGIE

Sortierte Listen erstellen

STRATEGIE

STRATEGIE

STRATEGIE

Sortierte Listen erstellen

Diese Strategie ist mit „Tabellen erstellen" (S. 19) vergleichbar, wird aber normalerweise verwendet, wenn mehr Informationen bekannt sind.
Die Informationen müssen systematisch angeordnet werden, sodass die möglichen Lösungen deutlich erkennbar sind. Die Schüler müssen ein bestimmtes Verfahren oder eine festgelegte Reihenfolge von Schritten einhalten, um sicherzustellen, dass sie alle Möglichkeiten aufführen und Wiederholungen ausschließen.
Wenn man eine Liste aufstellt, sollte ein Faktor gleich bleiben oder konstant gehalten werden, während sich die anderen ändern. Der konstant gehaltene Faktor sollte daraufhin untersucht werden, ob er verschiedene Werte annehmen kann oder unterschiedliche Bestandteile hat, die aufgelistet werden können.
Die Schüler sollten sich angewöhnen, aufzuschreiben, was sie tun.
Die folgenden Fertigkeiten sollten für die Anwendung dieser Methode entwickelt werden.

Systematisch arbeiten

Die Schüler müssen einen Anfangspunkt wählen und dann methodisch arbeiten.

Beispiel:
Der Schulleiter und sein Stellvertreter sollen aus 7 Kandidaten ausgewählt werden. Wie viele verschiedene Auswahlmöglichkeiten gibt es?

A, B, C, D, E, F, G sollen für die 7 Kandidaten stehen.

AB	BA	CA	DA	EA	FA	GA
AC	BC	CB	DB	EB	FB	GB
AD	BD	CD	DC	EC	FC	GC
AE	BE	CE	DE	ED	FD	GD
AF	BF	CF	DF	EF	FE	GE
AG	BG	CG	DG	EG	FG	GF

Es gibt 42 Auswahlmöglichkeiten.

Lücken füllen, nachdem ein Muster herausgearbeitet wurde

Diese Fertigkeit fordert die Schüler dazu heraus, sich Bilder vorzustellen. Die Ergebnisse werden dann aufgelistet.

Beispiel:
Verschiedene Tiere werden in der Mitte geteilt und die Hälften kombiniert. Folgende Tiere werden verwendet: Fisch, Hund, Katze, Maus, Meerschweinchen und Kaninchen. Wie viele verschiedene Kombinationen sind möglich?

Obere Hälfte	Untere Hälfte
Fisch	Hund Katze Maus Meerschweinchen Kaninchen

Für jede obere Hälfte eines Tiers sind 5 Kombinationen möglich. Die Antwort ist $6 \times 5 = 30$. Es sind 30 Kombinationen möglich.

Zahlenkombinationen bilden

Manchmal erhalten Schüler die Aufgabe, eine Reihe von Zahlen zu kombinieren.

Beispiel:
Bei einem Spiel auf dem Schulfest wird das Glücksrad dreimal gedreht. Die erreichten Zahlen werden addiert. Für jede der möglichen Summen gibt es einen Preis. Wie viele Preise werden benötigt?

Die Schüler müssen systematisch vorgehen. Sie sollten damit beginnen, alle möglichen Kombinationen mit eins aufzulisten

1 + 1 + 1 = 3	2 + 1 + 1 = 4	3 + 1 + 1 = 5
1 + 1 + 2 = 4	2 + 1 + 2 = 5	3 + 1 + 2 = 6
1 + 1 + 3 = 5	2 + 1 + 3 = 6	3 + 1 + 3 = 7
1 + 2 + 1 = 4	2 + 2 + 1 = 5	3 + 2 + 1 = 6
1 + 2 + 2 = 5	2 + 2 + 2 = 6	3 + 2 + 2 = 7
1 + 2 + 3 = 6	2 + 2 + 3 = 7	3 + 2 + 3 = 8
1 + 3 + 1 = 5	2 + 3 + 1 = 6	3 + 3 + 1 = 7
1 + 3 + 2 = 6	2 + 3 + 2 = 7	3 + 3 + 2 = 8
1 + 3 + 3 = 7	2 + 3 + 3 = 8	3 + 3 + 3 = 9

Bitte beachten, dass manche Antworten identisch sind. Für jede mögliche Summe wird nur ein Preis benötigt. Die möglichen Antworten sind: 3, 4, 5, 6, 7, 8, 9. Daher werden insgesamt 7 Preise benötigt.

Unterrichtsbeispiele

Sortierte Listen erstellen

Beispiel 1

Martin hat 3 Spielzeugautos, die er oben auf seinem Bücherregal hintereinander aufbewahrt. Es handelt sich um einen Honda, einen Toyota und einen Mazda. Martin ändert gerne die Reihenfolge, in der er seine Autos aufstellt. Wie viele Möglichkeiten hat er?

Die Aufgabe verstehen

Was ist bekannt?

Martin hat 3 Spielzeugautos. Es handelt sich um einen Honda, einen Toyota und einen Mazda.
Er stellt die Autos in unterschiedlicher Reihenfolge auf.

Was sollen wir herausfinden?

Frage: Wie viele verschiedene Möglichkeiten gibt es?
Beginnt die Reihenfolge jedes Mal mit einer anderen Automarke?

Lösungswege planen und erläutern

Zunächst beginnen wir mit dem Honda und setzen dann die anderen Autos an die 2 möglichen Positionen.

Beispiel:

Es gibt sechs verschiedene Möglichkeiten.

Überprüfen und verallgemeinern

Indem wir jedes Auto einmal vorne platzieren und anschließend mit den beiden anderen herumprobieren, stellen wir fest, dass es 6 verschiedene Möglichkeiten gibt, die 3 Autos anzuordnen.

Ergänzung

Ähnlich vorgehen kann man mit zunächst 4 und dann 5 Objekten.

Sortierte Listen erstellen

Beispiel 2

Sophia geht zu einer Party. Es fällt ihr schwer, sich zu entscheiden, was sie anziehen soll.
Sie hat eine schwarze und eine weiße Bluse und ein T-Shirt. Sie hat eine Jeans, eine schwarze Hose und einen Rock. Wie viele verschiedene Kombinationsmöglichkeiten gibt es?

Die Aufgabe verstehen

Was ist bekannt?

Sophia hat 3 Oberteile: eine schwarze Bluse, eine weiße Bluse und ein T-Shirt.
Sie hat eine Jeans, eine schwarze Hose und einen Rock.

Was sollen wir herausfinden?

Frage: Wie viele verschiedene Möglichkeiten hat sie, diese Kleidungsstücke zu kombinieren?

Lösungswege planen und erläutern

Wir wählen die schwarze Bluse und listen die möglichen Zusammenstellungen auf. Dasselbe wiederholen wir für die anderen Oberteile.

schwarze Bluse	Jeans
schwarze Bluse	schwarze Hose
schwarze Bluse	Rock
weiße Bluse	Jeans
weiße Bluse	schwarze Hose
weiße Bluse	Rock
T-Shirt	Jeans
T-Shirt	schwarze Hose
T-Shirt	Rock

Sophia hat 9 verschiedene Möglichkeiten.

Überprüfen und verallgemeinern

Wenn wir nacheinander jedem der Oberteile die möglichen Unterteile zuordnen, stellen wir fest, dass es 9 mögliche Kombinationen gibt.

Ergänzung

Ein drittes oder viertes Kleidungselement dazunehmen, z. B. Schuhe oder Hüte.

Sortierte Listen erstellen

Beispiel 3

6 Leute sollen einander die Hände schütteln. Wie viele Händedrücke ergibt das?

Die Aufgabe verstehen

Was ist bekannt?

6 Leute schütteln sich die Hände.

Was sollen wir herausfinden?

Frage: Wie viele Händedrücke ergeben sich?

Lösungswege planen und erläutern

Es sind insgesamt 6 Leute, aber jeder wird nur 5-mal Hände schütteln, da er sich nicht selbst die Hand schüttelt.

Überprüfen und verallgemeinern

Wenn wir uns nacheinander mit jeder Person beschäftigen, vermeiden wir Lücken und Wiederholungen.

Ergänzung

Die Anzahl der Leute erhöhen.

Person 1 schüttelt Person 2 die Hand.
Person 1 schüttelt Person 3 die Hand.
Person 1 schüttelt Person 4 die Hand.
Person 1 schüttelt Person 5 die Hand.
Person 1 schüttelt Person 6 die Hand.

Person 2 schüttelt Person 3 die Hand.
Person 2 schüttelt Person 4 die Hand.
Person 2 schüttelt Person 5 die Hand.
Person 2 schüttelt Person 6 die Hand.

Person 3 schüttelt Person 4 die Hand.
Person 3 schüttelt Person 5 die Hand.
Person 3 schüttelt Person 6 die Hand.

Person 4 schüttelt Person 5 die Hand.
Person 4 schüttelt Person 6 die Hand.

Person 5 schüttelt Person 6 die Hand.

Insgesamt ergeben sich 15 Händedrücke.

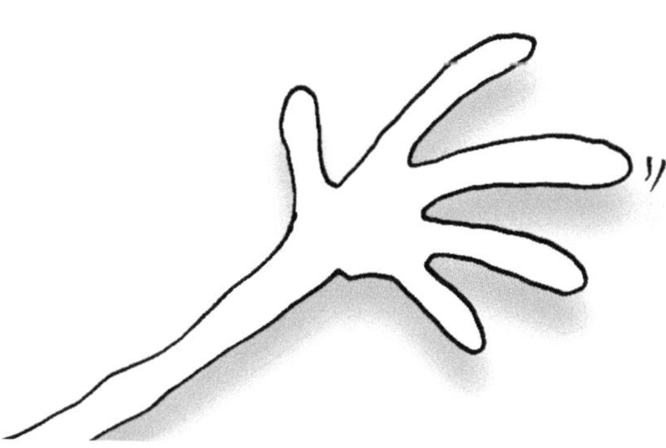

Strategie

Sortierte Listen erstellen

★ Die Aufgabe verstehen

Was ist bekannt? ....

....

Was musst du herausfinden? ....
Welche Fragen hast du?
Worüber bist du dir unsicher? ....
Was verstehst du nicht? ....

★ Lösungswege planen und erläutern

Arbeitest du systematisch? Kannst du ein Muster herausarbeiten?

....

....

....

....

....

★ Überprüfen und verallgemeinern

Hat die Strategie funktioniert? Hätte es eine geeignetere Methode gegeben? Kannst du diese Methode auf ähnliche Probleme anwenden?

....

....

....

....

....

....

....

★ Ergänzen

Wie kann die Aufgabe erweitert werden? Welche Faktoren könnten als Teil einer „Was wäre, wenn?"-Frage ergänzt werden?

....

....

....

....

AUFGABENKARTEN

Sortierte Listen erstellen

Aufgabe 1 | Zählen 1 2 3 | Level 1

David, Niklas, Jennifer und Sarah stehen an der Kinokasse an. Wie viele Möglichkeiten haben sie, sich in unterschiedlicher Reihenfolge aufzustellen?

Aufgabe 2 | Zählen 1 2 3 | Level 1

Katharina will sich 1 Eiswaffel mit 2 Kugeln kaufen. Sie kann zwischen Vanille, Erdbeere und Schokolade wählen. Wie viele Möglichkeiten gibt es, die 3 Eissorten zu kombinieren? (Hinweis: Vanille oben und Schokolade unten ist dasselbe wie Schokolade oben und Vanille unten.)

Aufgabe 3 | Zählen 1 2 3 | Level 1

Wie viele Karten werden insgesamt verschickt, wenn sich 4 Familien gegenseitig Postkarten schreiben?

Aufgabe 4 | Zählen 1 2 3 | Level 1

2 Würfel werden geworfen.
Die gewürfelten Augen werden anschließend zusammengezählt.
Wie viele Möglichkeiten gibt es, eine 6 zu würfeln?

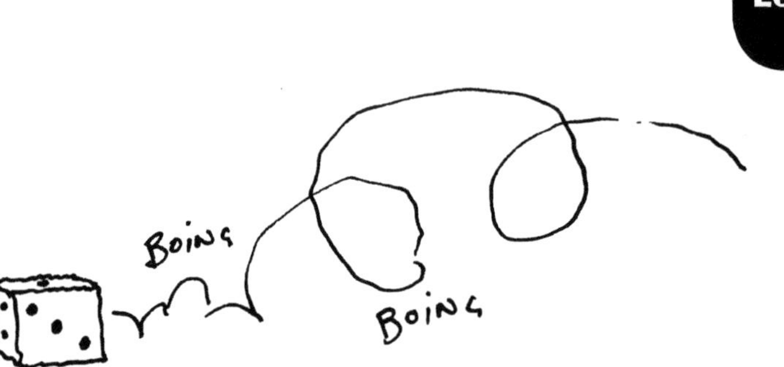

Aufgabe 5 | Zählen 1 2 3 | Level 1

Frau Müller hat gerade eine Tochter bekommen. Sie will sie Sophia, Lucia, Kerstin oder Antonia nennen. Als zweiten Vornamen will sie zwischen Franziska, Jessica, Anne und Susanne wählen.
Wie viele Möglichkeiten gibt es, die Namen zu kombinieren?

Aufgabe 6 | Zählen 1 2 3 | Level 1

Du wirfst 2 Münzen.
Schreibe alle Möglichkeiten auf, wie sie landen können.

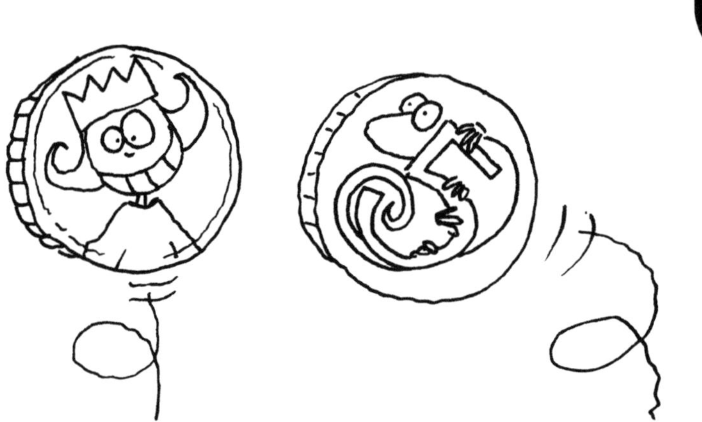

Aufgabe 7 Zählen 123

Level 2

Ich habe vier Metallfiguren, die ich auf dem Sims über dem Kamin aufstellen möchte. Es handelt sich um einen Bassisten, einen Geiger, einen Flötenspieler und einen Saxophonisten. Wie viele Möglichkeiten habe ich, die Musiker in unterschiedlicher Reihenfolge aufzustellen?

Aufgabe 8 Zählen 123

Level 2

In einem Land werden auf den Autonummernschildern je 3 Ziffern verwendet. Liste alle Möglichkeiten auf, die sich unter Verwendung der Ziffern 7, 8 und 9 ergeben. Jede Ziffer kann mehrfach verwendet werden.

Aufgabe 9 Zählen 123

In einem Restaurant gibt es ein 3-gängiges Menü für 45 Euro. Für jeden Gang kann zwischen verschiedenen Gerichten gewählt werden.

Vorspeise: Suppe oder grüner Salat
Hauptgericht: Fisch, Hähnchen oder Lamm
Dessert: Früchteteller oder Pudding

Zähle alle Möglichkeiten auf, ein Menü zusammenzustellen.

Speisekarte

Vorspeise:
Suppe oder grüner Salat

Hauptgericht:
Fisch, Hähnchen oder Lamm

Nachspeise:
Früchteteller oder Pudding

AUFGABENKARTEN

Sortierte Listen erstellen

Aufgabe 10 | Zählen 1 2 3 | Level 2

Auf dem Schulhof übt eine Gruppe Werfen und Fangen. 6 Schüler werfen und 9 Schüler fangen die Bälle. Wie viele verschiedene Kombinationen von Werfer und Fänger gibt es?

Aufgabe 11 | Zählen 1 2 3 | Level 2

Adrian geht jeden Morgen um 6 Uhr zum Schwimmtraining. Er muss jeweils alle 4 Schwimmarten (Rückenschwimmen, Brustschwimmen, Kraulen und Schmetterling) trainieren. Um konzentriert zu bleiben, schwimmt er die verschiedenen Schwimmarten jeden Tag in einer anderen Reihenfolge. Wie viele verschiedene Kombinationen gibt es?

Aufgabe 12 | Zählen 1 2 3 | Level 2

Herr Ludwig verputzt sein Haus neu und schaut sich dafür verschiedene Farben an. Er muss sich zwischen Blau, Grün oder Silber für das Dach und Rot, Braun, Gold, Lila oder Beige für die Wände entscheiden. Wie viele verschiedene Farbkombinationen sind möglich?

AUFGABENKARTEN

Sortierte Listen erstellen

Aufgabe 13 Zählen 123 — Level 2

Marco muss seinen 3-seitigen Aufsatz mit einem Bild auf jeder Seite illustrieren. Er hat 3 Bilder zur Auswahl. Wie viele Möglichkeiten hat er, die Bilder anzuordnen?

Aufgabe 14 Zählen 123 — Level 3

Laura hat ein gepunktetes und ein gestreiftes Oberteil. Sie hat grüne Shorts, rote Shorts und einen blauen Rock. Sie kann schwarze oder blaue Schuhe tragen. Wie viele verschiedene Outfits sind möglich?

Aufgabe 15 Zählen 123 — Level 3

Patrick muss sich entscheiden, welchen seiner 5 Freunde er zum Spielen einladen will. Er kann Stefan, Sebastian, Paul, Hannes oder Christof einladen. Sie können im Schlafzimmer, im Spielzimmer oder draußen spielen. Sie können sich mit einem Computerspiel beschäftigen, mit Lego bauen, puzzeln oder mit einem Ball spielen. Wie viele verschiedene Möglichkeiten hat Patrick, seinen Nachmittag zu gestalten?

AUFGABENKARTEN

Sortierte Listen erstellen

Aufgabe 16 Zählen

Level 3

35 Leute nahmen an einer Party teil. Wie viele „Hallos" gab es, wenn niemand „Hallo" zu jemandem sagte, der ihm bereits „Hallo" gesagt hatte?

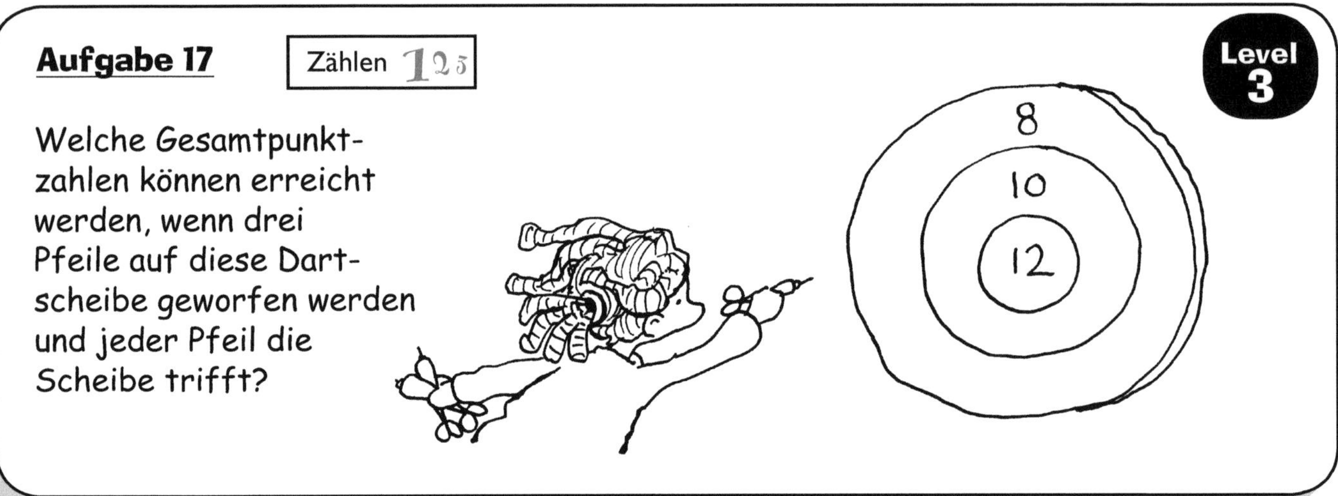

Aufgabe 17 Zählen

Level 3

Welche Gesamtpunktzahlen können erreicht werden, wenn drei Pfeile auf diese Dartscheibe geworfen werden und jeder Pfeil die Scheibe trifft?

Aufgabe 18 Zählen

Level 3

Wie viele Ziffern muss man schreiben, um ein Buch mit 225 Seiten durchzunummerieren?

Lösungen Sortierte Listen erstellen

Aufgabe 1

David	Niklas	Jennifer	Sarah
David	Niklas	Sarah	Jennifer
David	Jennifer	Niklas	Sarah
David	Jennifer	Sarah	Niklas
David	Sarah	Niklas	Jennifer
David	Sarah	Jennifer	Niklas

Für jedes Kind, das vorne steht, ergeben sich 6 Kombinationen. Daher sind es insgesamt 6 × 4 = 24 Möglichkeiten.

Aufgabe 2

Vanille	Schokolade
Vanille	Erdbeere
Vanille	Vanille
Schokolade	Schokolade
Schokolade	Erdbeere
Erdbeere	Erdbeere

Es gibt 6 mögliche Kombinationen.

Aufgabe 3

Familien	A	B	C	D
	AB	BA	CA	DA
	AC	BC	CB	DB
	AD	BD	CD	DC

Es werden insgesamt 12 Karten verschickt,

Aufgabe 4

Es sind nur die Augenkombinationen aufgelistet, die zusammen 6 ergeben:

1 und 5
2 und 4
3 und 3
4 und 2
5 und 1

Es gibt insgesamt 5 Möglichkeiten, mit 2 Würfeln eine Augenkombination zu würfeln, die 6 ergibt.

Aufgabe 5

Sophia	Franziska	Kerstin	Franziska
Sophia	Jessica	Kerstin	Jessica
Sophia	Anne	Kerstin	Anne
Sophia	Susanne	Kerstin	Susanne
Lucia	Franziska	Antonia	Franziska
Lucia	Jessica	Antonia	Jessica
Lucia	Anne	Antonia	Anne
Lucia	Susanne	Antonia	Susanne

Es gibt 16 verschiedene Namenskombinationen.

Aufgabe 6

Münze 1	Münze 2
Kopf	Kopf
Kopf	Zahl
Zahl	Zahl
Zahl	Kopf

Es gibt 4 verschiedene Möglichkeiten.

Aufgabe 7

B = Bassist, G = Geiger, F = Flötenspieler, S = Saxophonist

BGFS	GBSF	FBGS	SBGF
BGSF	GBFS	FBSG	SBFG
BFGS	GFBS	FGBS	SGBF
BFSG	GFSB	FGSB	SGFB
BSGF	GSBF	FSBG	SFBG
BSFG	GSFB	FSGB	SFGB

Es gibt 24 verschiedene Möglichkeiten.

Aufgabe 8

777	787	797
778	788	798
779	789	799

Es gibt 9 Kombinationen, die mit 7 beginnen. Daher gibt es 9 × 3 = 27 Kombinationen insgesamt.

Aufgabe 9

Suppe	Fisch	Früchteteller
Suppe	Fisch	Pudding
Suppe	Hähnchen	Früchteteller
Suppe	Hähnchen	Pudding
Suppe	Lamm	Früchteteller
Suppe	Lamm	Pudding
grüner Salat	Fisch	Früchteteller
grüner Salat	Fisch	Pudding
grüner Salat	Hähnchen	Früchteteller
grüner Salat	Hähnchen	Pudding
grüner Salat	Lamm	Früchteteller
grüner Salat	Lamm	Pudding

Man kann 12 verschiedene Menüs zusammenstellen.

Aufgabe 10

Es sind 6 Werfer.
Jeder Werfer wirft zu 9 Fängern.
Daher gibt es 9 × 6 = 54 Kombinationen.

Werfer	Fänger
1	1
1	2
1	3
1	4
1	5
1	6
1	7
1	8
1	9

Lösungen Sortierte Listen erstellen

Aufgabe 11

R = Rückenschwimmen, B = Brustschwimmen, K = Kraulen, S = Schmetterling

R	B	K	S
R	B	S	K
R	K	B	S
R	K	S	B
R	S	B	K
R	S	K	B

Für jede Schwimmart, die an erster Stelle steht, gibt es 6 Möglichkeiten.
Insgesamt gibt es also $6 \times 4 = 24$ Kombinationen.

Aufgabe 12

Dach	Wände	Dach	Wände	Dach	Wände
Blau	Rot	Grün	Rot	Silber	Rot
Blau	Braun	Grün	Braun	Silber	Braun
Blau	Gold	Grün	Gold	Silber	Gold
Blau	Lila	Grün	Lila	Silber	Lila
Blau	Beige	Grün	Beige	Silber	Beige

Er kann aus 15 verschiedenen Farbkombinationen wählen.

Aufgabe 13

Seite 1	Seite 2	Seite 3
Bild 1	Bild 2	Bild 3
Bild 1	Bild 3	Bild 2
Bild 2	Bild 1	Bild 3
Bild 2	Bild 3	Bild 1
Bild 3	Bild 1	Bild 2
Bild 3	Bild 2	Bild 1

Marco hat 6 verschiedene Möglichkeiten.

Aufgabe 14

gepunktetes Oberteil	grüne Shorts	schwarze Schuhe
gepunktetes Oberteil	grüne Shorts	blaue Schuhe
gepunktetes Oberteil	rote Shorts	schwarze Schuhe
gepunktetes Oberteil	rote Shorts	blaue Schuhe
gepunktetes Oberteil	blauer Rock	schwarze Schuhe
gepunktetes Oberteil	blauer Rock	blaue Schuhe

Jedes Oberteil kann für 6 verschiedene Zusammenstellungen verwendet werden.
Insgesamt sind also $6 \times 2 = 12$ Outfits möglich.

Aufgabe 15

Stefan	Schlafzimmer	Computer
Stefan	Schlafzimmer	Lego
Stefan	Schlafzimmer	Puzzle
Stefan	Schlafzimmer	Ball
Stefan	Spielzimmer	Computer
Stefan	Spielzimmer	Lego
Stefan	Spielzimmer	Puzzle
Stefan	Spielzimmer	Ball
Stefan	draußen	Computer
Stefan	draußen	Lego
Stefan	draußen	Puzzle
Stefan	draußen	Ball

Für jeden Freund gibt es 12 Kombinationen. Da Patrick sich zwischen 5 Freunden entscheiden muss, gibt es insgesamt $12 \times 5 = 60$ Möglichkeiten.

Aufgabe 16

Die erste Person sagt 34-mal Hallo (zu jedem anderen einmal).
Die zweite Person sagt 33-mal Hallo (da die erste Person schon mal Hallo zu ihm gesagt hat)
Die dritte Person sagt 32-mal Hallo etc.

$34 + 33 + 32 + 31 + 30 + 29 + 28 + 27 + 26 + 25 + 24 + 23 + 22 + 21 + 20 + 19 + 18 + 17 + 16 + 15 + 14 + 13 + 12 + 11 + 10 + 9 + 8 + 7 + 6 + 5 + 4 + 3 + 2 + 1 = 595$

Es waren 595 Hallos.

Aufgabe 17

$12 + 12 + 12 = 36$
$12 + 12 + 10 = 34$
$12 + 12 + 8 = 32$
$12 + 10 + 10 = 32$
$12 + 10 + 8 = 30$
$12 + 8 + 8 = 28$

$10 + 10 + 10 = 30$
$10 + 10 + 8 = 28$
$10 + 8 + 8 = 26$

$8 + 8 + 8 = 24$

Die möglichen Summen sind 24, 26, 28, 30, 32, 34 und 36.

Aufgabe 18

Die Seiten 1–9	haben 1 Ziffer	$1 \times 9 = 9.$
Die Seiten 10–99	haben 2 Ziffern	$2 \times 90 = 180.$
Die Seiten 100–225	haben 3 Ziffern	$3 \times 126 = 378.$

Insgesamt sind 567 Ziffern zu schreiben.

STRATEGIE

Muster suchen

STRATEGIE

STRATEGIE

STRATEGIE

Unterrichtshinweise Muster suchen

Diese Strategie ist eine Erweiterung der Methoden „Tabellen erstellen" (S. 19) und „Sortierte Listen erstellen" (S. 61).
Sie ist eine der am häufigsten angewandten Strategien, da sich mathematische Muster überall finden lassen – in der Natur, bei Zahlen und bei Formen. Die Schüler lernen durch Wahrscheinlichkeiten und Vorhersagen, zwischen verschiedenen Mustern zu unterscheiden. Wenn ein Muster ermittelt ist, lässt sich leicht voraussagen, was als Nächstes folgt. Der übliche Weg, um festzustellen, ob ein Muster vorliegt, ist ...

- die Differenz zwischen zwei aufeinanderfolgenden Zahlen festzustellen.
- zu entscheiden, ob die Zahlen mit einer bestimmten Zahl multipliziert oder durch diese dividiert wurden.
- herauszufinden, ob es sich um steigende oder fallende Zahlen handelt, die sich regelmäßig verändern.

Sobald die Schüler ein Muster erkennen, können sie dieses erweitern oder ergänzen.

Muster entwickeln und ergänzen

Bitten Sie die Schüler, das folgende aus drei Zahlen bestehende Muster zu vervollständigen. Es gibt mehr als eine mögliche Antwort.

Beispiel: 1 2 4 – –

Mögliche Muster sind:
a) 1 2 4 8 16
b) 1 2 4 7 11
c) 1 2 4 1 2
d) 1 2 4 5 7

Alle diese Möglichkeiten sind richtig, da jeweils ein eigenes Muster auf der Grundlage der ersten Zahlen gebildet wurde und jedes Muster erklärt werden kann.

In a) werden die Zahlen jeweils verdoppelt.
In b) erhöht sich die Differenz zwischen aufeinanderfolgenden Zahlen. Zunächst ist es 1, dann 2, dann 3.
In c) werden die Zahlen 1, 2 und 4 wiederholt.
In d) ist die Differenz zwischen zwei Zahlen erst 1, dann 2. Das wird anschließend wiederholt.

Bei Aufgaben, die dem obigen Beispiel ähneln, ist es wichtig, dass die Schüler erkennen, dass mehr als eine richtige Antwort möglich ist, wenn das gebildete Muster jeweils erklärt werden kann.

Manche Muster enthalten mehrere Operationen.
Beispiel: 6 9 8 11 10 – – –
Dieses Muster enthält die folgenden zwei Operationen: + 3 und – 1.

Bei der Untersuchung komplexer Muster arbeitet man am besten mit Klammern.
Sie können verwendet werden, um vergleichbare Zahlengruppen zu gruppieren.
Beispiel: 6 + 7 + 8 + 6 + 7 + 8 + 6 + 7 + 8

Das Muster wird klarer, wenn Klammern benutzt werden, um Zahlengruppen zu kennzeichnen.
(6 + 7 + 8) + (6 + 7 + 8) + (6 + 7 + 8)

Räumliche Muster

Wenn die Schüler räumliche Muster untersuchen sollen, geben Sie Ihnen einen Satz Musterserien.

- In der ersten Zeile zeichnen Sie eine Reihe aus drei gemusterten Dreiecken: Das erste Dreieck erhält einen Punkt, das zweite wird senkrecht geteilt und in das dritte zeichnen Sie ein weiteres Dreieck.
- In der zweiten Zeile zeichnen Sie eine Reihe aus drei Quadraten mit zwei Punkten im ersten und zwei senkrechten Linien im zweiten. Das dritte besteht aus drei ineinandergeschachtelten Quadraten.
- In der dritten Zeile zeichnen Sie eine Reihe von drei Kreisen. Im ersten Kreis befinden sich drei Punkte, im zweiten drei senkrechte Linien und im dritten drei Kreise.
- Ein definiertes Muster ist entstanden.

Die Schüler können sich weiter mit den Mustern befassen. Sie können neue Formen hinzufügen oder neue Muster aus den drei vorhandenen Formen erstellen.

Muster in einer Tabelle erkennen

Bevor sie Muster suchen, müssen sich die Schüler mit der Erstellung einer Tabelle beschäftigen. Sie müssen entscheiden: Gibt es eine, zwei, drei oder mehr Variablen? Ist eine Summenspalte notwendig?

Beispiel:
Jana pflückte Erdbeeren. Dabei stellte sie fest, dass in jeder sechsten Beere Wurmlöcher waren. Wie viele gute Erdbeeren fanden sich unter 84 gepflückten?
Zeichnen Sie eine Tabelle mit drei Spalten mit den Überschriften „gut", „schlecht" und „Gesamtzahl Erdbeeren".
Wir können erkennen, dass sich ein Muster entwickelt hat. Die Spalte „gut" erhöht sich um Vielfache von fünf, die Spalte „schlecht" jeweils um eins. Daher werden unter 84 gepflückten Erdbeeren 70 gut und 14 schlecht sein.

gut	schlecht	Gesamtzahl Erdbeeren
5	1	6
10	2	12
15	3	18
20	4	24
25	5	30
30	6	36
35	7	42

Unterrichtsbeispiele Muster suchen

Beispiel 1

Miriam pflanzt 3 Samen für je 8 Samen, die ihre Mutter pflanzt. Wie viele Samen hat Miriam gepflanzt, wenn ihre Mutter 64 gepflanzt hat?

Die Aufgabe verstehen

Was ist bekannt?

Miriam und ihre Mutter pflanzen Samen.
Für je 3 Samen, die Miriam pflanzt, pflanzt ihre Mutter 8.
Miriams Mutter hat 64 Samen gepflanzt.

Was sollen wir herausfinden?

Frage: Wie viele Samen hat Miriam gepflanzt?

Lösungswege planen und erläutern

Zeichnen Sie eine Tabelle mit zwei Spalten. Über der einen Spalte steht „Miriam", über der anderen „Mutter".

Miriam	Mutter
3	8
6	16
9	24
12	32
15	40
18	48
21	56
24	64

Wenn ihre Mutter 64 Samen gepflanzt hat, hat Miriam 24 gepflanzt.

Überprüfen und verallgemeinern

Ein Muster ist offensichtlich. Miriams Samen nehmen mit Vielfachen von 3 zu, die ihrer Mutter mit Vielfachen von 8. Wenn ein Muster erkennbar ist, ist es einfach, die Tabelle zu vervollständigen.

Ergänzung

Es können andere Zahlen verwendet werden, sodass sich andere Vielfache oder Muster ergeben.

Beispiel 2

Maria bastelt eine Kette aus Büroklammern. Am ersten Tag verbindet sie 2 Büroklammern miteinander, am zweiten Tag fügt sie weitere 3 hinzu. Am dritten Tag verlängert sie die Kette um 4 Büroklammern. Wie viele Büroklammern fügt sie am neunten Tag hinzu, wenn sie die Kette nach diesem Prinzip weiter verlängert? Aus wie vielen Büroklammern wird die Kette dann insgesamt bestehen?

Die Aufgabe verstehen

Was ist bekannt?

Maria hat am ersten Tag 2 Büroklammern miteinander verbunden. Jeden Tag fügt sie eine mehr hinzu als am Vortag. Am neunten Tag macht sie Schluss.

Was sollen wir herausfinden?

Frage: Wie viele Büroklammern hat sie am neunten Tag hinzugefügt?
Aus wie vielen Klammern besteht die Kette insgesamt?

Lösungswege planen und erläutern

Wir zeichnen eine Tabelle mit drei Reihen und zehn Spalten. Die erste Reihe steht für die Tage, die zweite für die hinzugefügten Büroklammern und die dritte für die Gesamtzahl.

Tag	1	2	3	4	5	6	7	8	9
Hinzugefügte Büroklammern	2	3	4	5	6	7	8	9	10
Büroklammern insgesamt	2	5	9	14	20	27	35	44	54

Am neunten Tag wird Maria die Kette um zehn Büroklammern verlängern. Insgesamt besteht die Kette dann aus 54 Klammern.

Überprüfen und verallgemeinern

Wenn man eine Tabelle mit klaren Überschriften verwendet, ist es leichter, das Muster zu erkennen.

Ergänzung

Wir verändern die Anzahl der Büroklammern, indem jeden Tag zwei Klammern mehr hinzugefügt werden als am Vortag oder indem jeweils die doppelte Anzahl hinzugefügt wird.

Beispiel 3

Familie Ross macht ein Fitnessprogramm. Am ersten Tag radelt sie 3-mal die gleiche Runde, am zweiten Tag 7-mal und am dritten Tag 11-mal. Wie viele Tage muss Familie Ross trainieren, wenn sie ihr Ziel erreichen will, die Runde an einem Tag 31-mal zu fahren?

Die Aufgabe verstehen

Was ist bekannt?

Die Zahl der gefahrenen Runden steigt jeden Tag.
Am ersten Tag radelt die Familie 3 Runden, am zweiten 7 und am dritten Tag 11.

Was sollen wir herausfinden?

Frage: Wie viele Tage müssen die Familienmitglieder trainieren, um ihr Ziel zu erreichen?
Ergibt sich ein Muster?

Lösungswege suchen und erläutern

Da sich die Zahl der gefahrenen Runden jeden Tag erhöht, sollten die Schüler eine Tabelle erstellen, die zeigt, ob sich ein Muster ergibt. Die beiden Variablen sind die Tage und die Zahl der Runden.

Tage	Runden
1	3
2	7
3	11
4	15
5	19
6	23
7	27
8	31

Familie Ross wird 8 Tage brauchen, bis sie ihr Trainingsziel von 31 Runden erreicht hat.

Überprüfen und verallgemeinern

Sobald die Tabelle erstellt ist, kann man leicht, das Muster erkennen. Die Zahl der Runden erhöht sich täglich um 4.

Ergänzung

Anstatt dass sich die Zahl der Runden täglich um dieselbe Anzahl erhöht, könnte sie sich auch nach einer Formel erhöhen, z. B. am ersten Tag um eine, am zweiten Tag um zwei, am dritten Tag um drei Runden.

Strategie Muster suchen

★ Die Aufgabe verstehen

Was ist bekannt? ....

....

Was musst du herausfinden? ....
Welche Fragen hast du?
Worüber bist du dir unsicher? ....
Was verstehst du nicht? ....

★ Lösungswege planen und erläutern

Arbeitest du systematisch? Kannst du ein Muster herausarbeiten?

....

....

....

....

....

★ Überprüfen und verallgemeinern

Hat die Strategie funktioniert? Hätte es eine geeignetere Methode gegeben? Kannst du diese Methode auf ähnliche Probleme anwenden?

....

....

....

....

....

....

★ Ergänzen

Wie kann die Aufgabe erweitert werden? Welche Faktoren könnten als Teil einer „Was wäre, wenn?"-Frage ergänzt werden?

....

....

....

....

AUFGABENKARTEN – Muster suchen

Aufgabe 1 Zählen 1 2 3 **Level 1**

In den Ferien hat Karen auf einem Obsthof Äpfel gepflückt. Für den ersten Eimer bekam sie 10 Cent, für den zweiten 20 Cent, für den dritten 40 Cent und für den vierten 80 Cent. Wie viel Geld erhielt sie für den achten Eimer?

Aufgabe 2 Raum **Level 1**

Hier siehst du ein Dreieck und Zahlen. Kannst du das Muster erkennen? Wie sieht die nächste Stufe aus? Wie lautet die sechste?

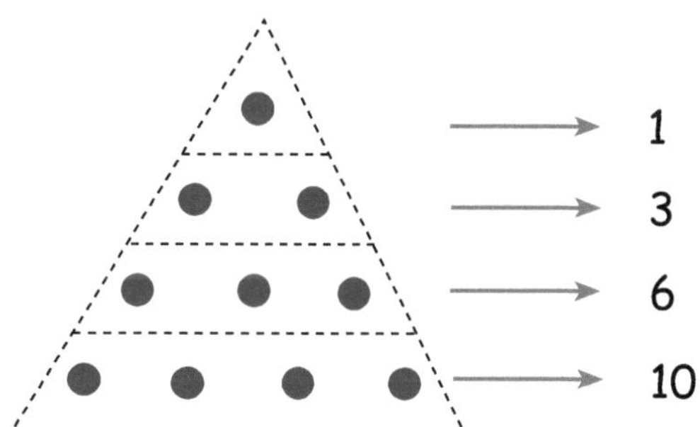

Aufgabe 3 Zählen 1 2 3 **Level 1**

Jede der folgenden Zahlengruppen folgt einem Muster. Finde das Muster und schreibe die nächsten 3 Zahlen auf.

a) 2 6 10 14 — — —
b) 11 22 33 44 — — —
c) 1 3 7 13 21 — — —
d) 64 32 16 8 — — —
e) 6 9 8 11 10 13 — — —

AUFGABENKARTEN – Muster suchen

Aufgabe 4 Zählen 123 **Level 1**

Sara beteiligt sich an einem Mathematikwettbewerb. Sie möchte die Titelseite mit einem Rand aus verschiedenen Formen gestalten. Sie hat 6 rote Dreiecke und 6 gelbe Kreise. Zeige 2 Möglichkeiten, wie sie den Rand zusammenstellen kann und erkläre jeweils das Muster.

Aufgabe 5 Zählen 123 **Level 1**

Vervollständige die folgenden Multiplikationsmuster. Das erste ist schon fertig.

30	50	18
60	**10**	**6**
15	**5**	**3**

a)

	4	**7**
	11	**3**

b)

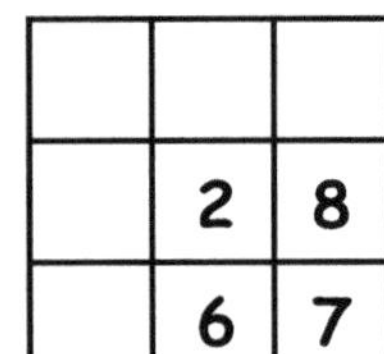

	2	**8**
	6	**7**

c)

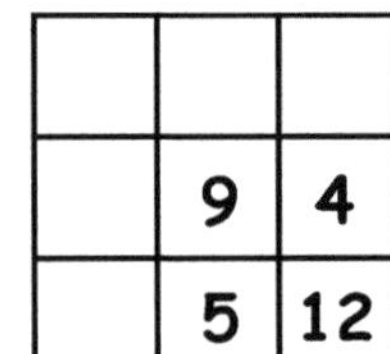

	9	**4**
	5	**12**

Aufgabe 6 Raum **Level 1**

Suche in dieser Reihe von Quadraten nach einem Muster.
Vervollständige das Muster, indem du die 3 letzten Quadrate anmalst.

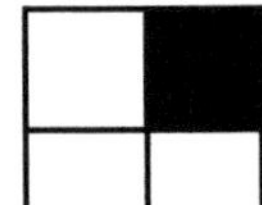 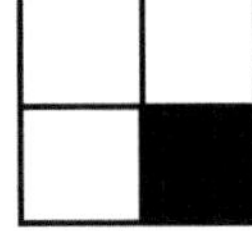 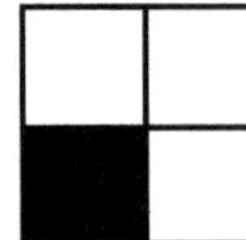 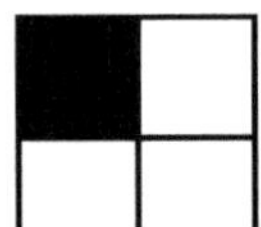  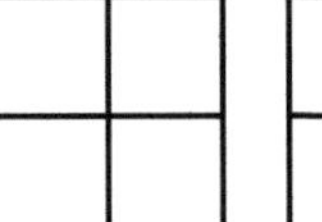 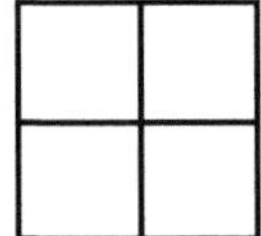

AUFGABENKARTEN – Muster suchen

Aufgabe 7 | Zählen 1 2 3 | Level 2

Wenn Frau Wagner 1 Bild an der Leine im Klassenzimmer aufhängt, benötigt sie 2 Klammern. Für 2 Zeichnungen benötigt sie 3 Klammern und für 3 Bilder 4 Klammern. Wie viele Klammern braucht sie, um 15 Bilder aufzuhängen? Wie viele Klammern benötigt sie für 30 Bilder?

Aufgabe 8 | Zählen 1 2 3 | Level 2

Zunächst hatte der Hund 2 Flöhe. In der nächsten Woche hatte er 6 Flöhe und in der dritten Woche waren es schon 14. In der folgenden Woche musste sich der Hund gründlich kratzen, denn da hatte er schon 26 Flöhe. Wenn sich die Flöhe weiter vermehren wie bisher, wie viele Flöhe hat der Hund dann in der neunten Woche?

Aufgabe 9 | Raum | Level 2

Wie viele Punkte bilden die nächsten 3 Fünfecke?

AUFGABENKARTEN – Muster suchen

Aufgabe 10 Zählen 123 **Level 2**

Ein Meeresbiologe untersucht die Struktur eines Nautilus.
Das Muster auf der Schale folgt einer Zahlenreihe, die von dem Mathematiker Fibonacci entdeckt wurde. Trage die nächsten 3 Zahlen ein.

0 1 1 2 3 5 8 13 _ _ _

Aufgabe 11 Zählen 123 **Level 2**

Es ist bekannt, dass sich Fliegen ungeheuer vermehren. Am ersten Tag sind in Michelles Küche 2 Fliegen, am nächsten Tag 5, am dritten 9, am vierten 14. Wie viele Fliegen wird es am achten Tag geben, wenn sie sich weiter vermehren wie bisher?

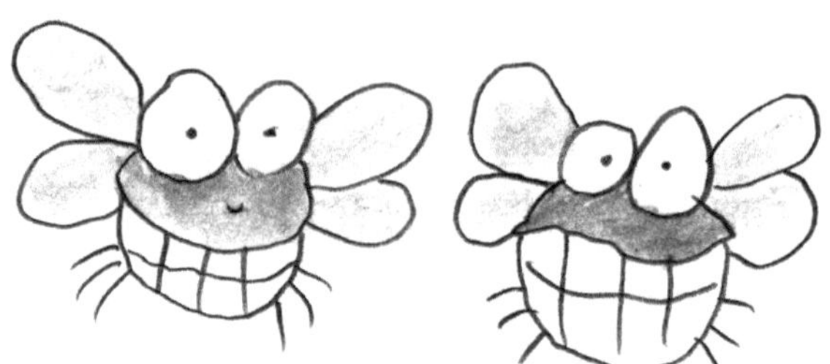

Aufgabe 12 Zählen 123 **Level 2**

Tobias ist am ersten Tag seines Trainings 5-mal um den Häuserblock gejoggt. Jeden Tag erhöht er die zurückgelegte Strecke um weitere 3 Runden. Am letzten Tag joggte er 35-mal um den Block. Wie viele Tage joggte er?

AUFGABENKARTEN – Muster suchen

Aufgabe 13 | Zählen 123 | Level 3

Schau dir diesen Monat auf dem Kalender genau an. Herr und Frau Arendt arbeiten beide im Schichtdienst. Frau Arendt hat jeden sechsten Tag frei und Herr Arendt jeden neunten Tag. Morgen, am Montag, den 4., haben sie beide frei. Werden sie in diesem Monat noch an anderen Tagen gemeinsam freihaben?

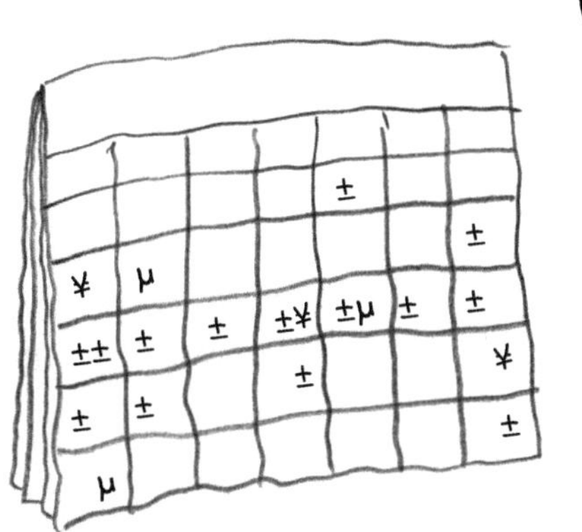

Aufgabe 14 | Zählen 123 | Level 3

Zu Beginn der Saison erntet ein Orangenpflücker am ersten Tag 1 reife Orange, am zweiten Tag 2, am dritten Tag 4 und am vierten Tag 8 Orangen. Wie viele reife Orangen wird er vermutlich am zehnten Tag pflücken? Wie viele wird er am fünfzehnten Tag insgesamt geerntet haben?

Aufgabe 15 | Zählen 123 | Level 3

Peter streicht Fensterrahmen. Am ersten Tag streicht er 3 Rahmen. Am zweiten Tag hat er 5 Rahmen gestrichen, am dritten 8 und am vierten Tag hat er insgesamt 12 geschafft. Am wievielten Tag wird er 80 Rahmen gestrichen haben?

AUFGABENKARTEN – Muster suchen

Aufgabe 16 Zählen 1 2 3 **Level 3**

Alina war querfeldein unterwegs. Am ersten Tag legte sie 80 km zurück, am zweiten Tag 100 km, am dritten Tag 70 km, am vierten Tag 90 km und am fünften Tag 60 km. Wie viele Kilometer legte sie am dreizehnten Tag zurück?

Aufgabe 17 Zählen 1 2 3 **Level 3**

Eine Klasse hat mehrere Holzwürfel hergestellt und will sie anmalen. Die Schüler gruppieren ihre Würfel. In der ersten Gruppe liegt nur 1 Würfel, die zweite Gruppe besteht aus 2 Würfeln, die dritte aus 3 Würfeln und so weiter. Die Würfel werden jeweils so aneinandergeklebt, dass sie eine Reihe bilden. Wie viele Würfelflächen müssen die Schüler anmalen, wenn 4 Würfel aneinandergeklebt sind? Wie viele, wenn die Reihe aus 8 Würfeln besteht?

1 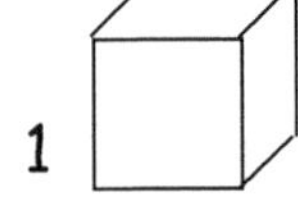 2 3 

Aufgabe 18  Raum **Level 3**

Stelle aus einem Kreis, einem Quadrat und einem Dreieck ein sich wiederholendes Muster zusammen.

Zusatzaufgabe: Benutze mehr als 3 Formen.

Lösungen Muster suchen

Aufgabe 1

Eimer	1	2	3	4	5	6	7	8
Lohn	0,10 €	0,20 €	0,40 €	0,80 €	1,60 €	3,20 €	6,40 €	12,80 €

Für den achten Eimer erhielt Karen 12,80 €.

Aufgabe 2

Die nächste Zahl ist 15.
Die sechste Zahl ist 21.
Die Zahl der Punkte in einer Reihe erhöht sich jeweils um 1. Die Zahlen an der Seite geben die Summe der bisherigen Punkte an.
(Stellen Sie sicher, dass die Schüler die nächste Punktreihe so einzeichnen, dass die Dreiecksform erweitert wird.)

Aufgabe 3

a) 18, 22, 26 (Es wird jeweils vier addiert.)
b) 55, 66, 77 (Es wird jeweils 11 addiert.)
c) 31, 43, 57 (Addiere 2, 4, 6, 8, 10, 12, 14.)
d) 4, 2, 1 (Die Zahl wird jeweils halbiert.)
e) 12, 15, 14 (Addiere 3, dann subtrahiere 1, anschließend das Muster wiederholen.)

Aufgabe 4

Die Antworten werden sich unterscheiden.
Hier sind zwei mögliche Lösungen:

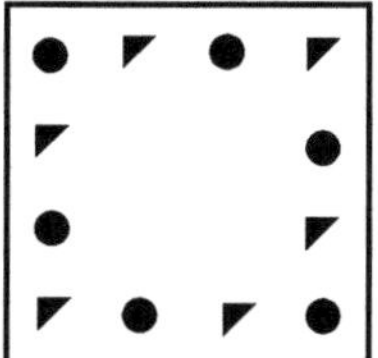

Wiederholtes Muster
Kreis Dreieck
Kreis Dreieck

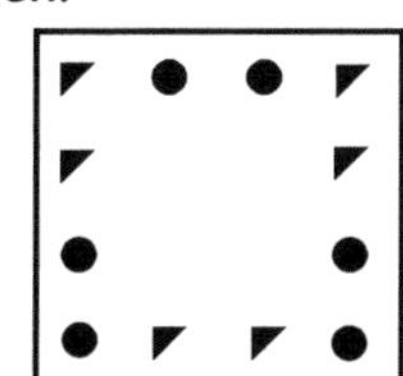

Wiederholtes Muster
Dreieck Dreieck
Kreis Kreis

Aufgabe 5

a)

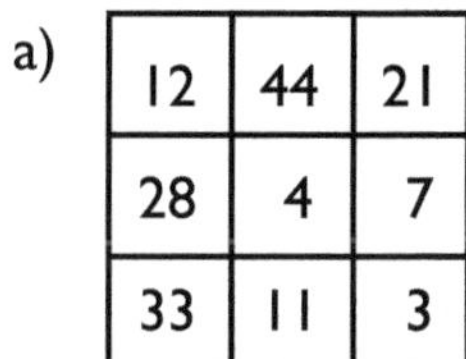

12	44	21
28	4	7
33	11	3

b)

14	12	56
16	2	8
42	6	7

c)

108	45	48
36	9	4
60	5	12

Aufgabe 6

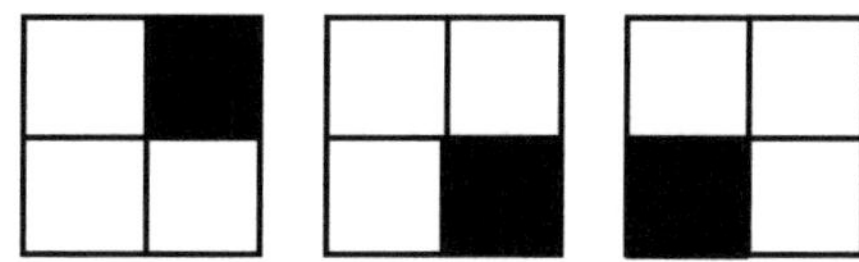

Aufgabe 7

Zeichnungen	1	2	3	4	5	15	30
Klammern	2	3	4	5	6	16	31

Für 15 Zeichnungen benötigt sie 16 Klammern und für 30 Zeichnungen 31.

Aufgabe 8

Woche	Flöhe
1	2
2	6 (+ 4)
3	14 (+ 8)
4	26 (+ 12)
5	42 (+ 16)
6	62 (+ 20)
7	86 (+ 24)
8	114 (+ 28)
9	146 (+ 32)

In der neunten Woche wird der Hund von 146 Flöhen gequält werden. (Das Muster besteht darin, Vielfache von 4 zu addieren.)

Aufgabe 9

20, 25 und 30
(Stellen Sie sicher, dass die Zeichnungen der Schüler demselben Muster folgen wie die Beispiele.)

Aufgabe 10

21, 34, 55 (Jede Zahl in der Folge ist die Summe der beiden vorhergehenden Zahlen.)

Aufgabe 11

Tag	1	2	3	4	5	6	7	8
Zahl der Fliegen	2	5	9	14	20	27	35	44

(+ 3, + 4, + 5, + 6, + 7, + 8, + 9)

Am achten Tag werden es 44 Fliegen sein.

Lösungen Muster suchen

Aufgabe 12

Tag	Runden um den Block
1	5
2	8
3	11
4	14
5	17
6	20
7	23
8	26
9	29
10	32
11	35

Tobias ist 11 Tage gejoggt.

Aufgabe 13

Ja, am 22.

Aufgabe 14

Tag	Orangen
1	1
2	2
3	4
4	8
5	16
6	32
7	64
8	128
9	256
10	512
11	1024
12	2048
13	4096
14	8192
15	16384

Am 10. Tag wird er 512 Orangen ernten.
Am 15. Tag wird er insgesamt 32767 Orangen (1 + 2 + 4+ 8 + ... + 8192 + 16384) gepflückt haben.

Aufgabe 15

Tag	1	2	3	4	5	6	7	8	9	10	11	12
Zahl der Rahmen	3	5	8	12	17	23	30	38	47	57	68	80

Am 12. Tag wird er 80 Rahmen gestrichen haben.
(+ 2, + 3, + 4, + 5, + 6, + 7, + 8, + 9, + 10, + 11, + 12)

Aufgabe 16

Tag	1	2	3	4	5	6	7	8	9	10	11	12	13
Zurückgelegte Entfernung	80	100	70	90	60	80	50	70	40	60	30	50	20

Alina hat am 13. Tag 20 km zurückgelegt. (Das Muster enthält 2 Operationen: + 20, – 30.)

Aufgabe 17

Zahl miteinander verbundener Würfel	1	2	3	4	5	6	7	8
Zahl der Oberflächen, die angemalt werden können	6	10	14	18	22	26	30	34

Die Zahl der Flächen, die angemalt werden können, erhöht sich jeweils um 4.
4 nebeneinanderliegende Würfel haben 18 Flächen, die angemalt werden können. Bei 8 Würfeln in einer Reihe sind es 34.

Aufgabe 18

Durch den Lehrer zu prüfen. Hier sind zwei mögliche Lösungen.

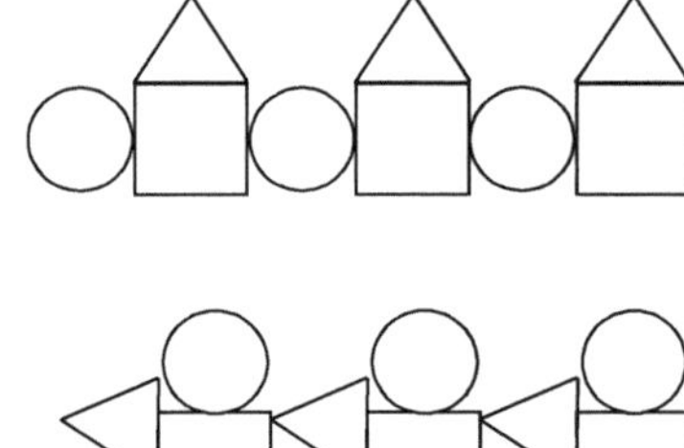